스타일 쿠킹클래스 101recipe의

요즘 입맛
요즘 반찬

스타일 쿠킹클래스 101recipe의

요즘 입맛
요즘 반찬

문인영 지음

비타북스

'오늘 뭘 해 먹을까?' 이런 질문을 받으면 이제 막 살림을 시작한 요리 초보 주부도 매일 가족들의 식탁을 책임지는 베테랑 주부도 한참 고민하게 되죠. '가만 보자, 우리 집 냉장고에 뭐가 있더라? 날도 더운데 시원하게 오이 냉국을 해 먹을까? 아냐 더울수록 따뜻한 음식을 먹어야지….'라며 머릿속이 복잡해집니다. 음식을 선보이는 직업을 가진 저 역시 마찬가지입니다.

『요즘 입맛 요즘 반찬』은 '오늘 뭘 해 먹을까?'라는 질문에서 시작한 책입니다. 입맛 없는 날, 요리하기 귀찮은 날, 특별한 손님이 오는 날, 우울한 날, 비가 오는 날 등 조금씩 다른 오늘은 뭘 해먹으면 좋을까요? 그리고 이 질문에 한 가지 생각을 더했습니다.

바로 '요즘 사람'입니다. 입맛이 변했다고 해야 할까요? 요즘 사람들은 장아찌보다는 피클이, 무침보다는 샐러드가 더 익숙하죠. 그리고 적은 양을 먹더라도 건강한 먹을거리를 찾습니다. 바쁜 생활 때문에 더욱 간단한 조리법을 원하고, 트렌드를 좇으며 세계 여러 요리를 즐겨 먹죠.

이런 요즘 사람들의 입맛과 취향에 딱 맞는 150가지 반찬을 소개합니다. 적은 재료로 빨리 만들 수 있는 반찬부터 오래 두고 먹어도 질리지 않는 밑반찬과 특별한 날을 위한 별미 반찬 그리고 요즘 유행하는 식재료 만든 새로운 반찬도 담았습니다.

간편하면서도 맛과 건강까지 두루 갖춘 반찬들을 소개하기 위해 기획부터 출간까지 적지 않은 시간이 걸렸습니다. 그 과정 동안 함께 웃으며 일해준 저의 영원한 스태프이자 친구인 김가영과 황규정, 그리고 요리를 맛있게 찍어준 이은숙 실장님께 감사드립니다. 끝으로 이 책이 나올 수 있게 도와준 비타북스팀에게도 감사의 인사를 드립니다.

2015년 여름

요리하는 즐거움을 담아
문인영

CONTENTS

p074 단호박된장구이

p076 더덕구이

p078 시래기들깨찜

p080 깻잎찜

p082 가지찜

p084 오이소박이

p086 상추겉절이

p087 얼갈이배추겉절이

p088 깍두기

p090 양배추물김치

● DAILY MENU 입이 즐거운 육류 · 해산물 반찬

p092 달걀말이

p094 달걀두부장조림

p096 겨자소스피망햄구이

p098 제육볶음

p100 유부당면고기볶음

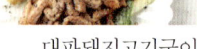
p102 대파돼지고기구이

p104 납작소고기볶음

p106 치즈동그랑땡

p108 김나물무침

p109 해초무침

p110 파래무침

p111 미역줄기볶음

p112 오징어볶음

p114 꽈리고추오징어볶음

p116 간장어묵볶음

p117 매운어묵볶음

p118 고등어생강조림

p119 참치전

p120 바삭갈치구이

p121 양념꼬막찜

p122 새우계란찜

p124 주꾸미간장찜

p126 매운코다리찜

p128 동태전

● DAILY MENU 마음까지 든든해지는 밑반찬

p130 오이지무침

p132 무말랭이무침

p134 촉촉진미채무침

p136 뱅어포무침

p138 김볶음

p140 황태포무침

p142 건새우멸치볶음

143 고추장아찌

p144 케일장아찌

p145 다시마조림

p146 마늘종콩자반

p148 고추장감자조림

● TRENDY MENU 새로운 맛, 잇 푸드

p184
귀리발사믹소스
양파구이

p186
병아리콩부침개

p188
요거트마요드레싱
닭구이

TRENDY MENU 가벼운 한 끼 식사, 샐러드 반찬

p190
건과류옥수수콘샐러드

p192
봄나물칠리휘시샐러드

p194
오이치아시드
생채샐러드

p196
인도식오이샐러드

p198
감자오이샐러드

p200
브로콜리두부샐러드

p202
연두부샐러드

p204
케일멕시칸
드레싱샐러드

p206
연어통조림
미나리샐러드

p208
숙주양파샐러드

p210
태국식무샐러드

p212
참나물고기샐러드

p214
대패삼겹살더덕샐러드

p215
묵은지샐러드

p216
닭가슴살레몬샐러드

PART :특별한 날을 위한
3   별미 반찬

p246

마늘버터돼지등갈비찜

p248

소고기갈비찜

p250

돼지고기김치찜

p252

낙지콩나물찜

p254

모시조개홍합찜

p256

가리비시금치찜

p258

굴드레싱대하찜

◉ SPECIAL MENU 집에서 맛보는 세계 일품요리

p260

두반장소고기볶음

p262

중국식
돼지고기청경채볶음

p264

북경식피망잡채

p266

일본식
데리야끼닭구이

p268

프랑스식
닭다리살구이

p270

표고버섯치즈
함박스테이크

p272

새우젓찹스테이크

p274

시어링스테이크

p276

레몬새우만두

p278

바질페스토새우구이

p280

양파올리브문어찜

p282

가지그린커리

p284

후에보스란쵸스

p286

유린냉동만두

p288

뿌팟퐁커리

요리에 꼭 필요한 기본 양념

식재료의 특성과 조리법에 따라 같은 맛을 내더라도
사용하는 양념은 달라질 수 있어요. 기본 양념 재료의 특성을 잘 파악해서
맛있게 요리의 간을 맞춰보세요.

참기름
고소한 향이 좋은 참기름은 음식을
비비거나 버무릴 때 주로 사용한다.
무침이나 비빔 요리에 자주 쓰인다.

들기름
샐러드의 드레싱 소스로 활용하거나
나물·무침 요리에 사용한다. 산화되
기 쉽기 때문에 냉장고에 보관한다.

통깨
씹을 때마다 고소한 향이 일품인 깨
는 우리나라의 전통적인 향신료. 불
포화지방산이 풍부하여 피부 미용에
좋고 요리에 따라 기름 없이 볶아서
통으로 쓰기도 하고 갈아서도 쓴다.

들깨
통깨보다 씹는 맛이 좋은 들깨는 콜
레스테롤 수치를 낮춰주고 몸을 따뜻
하게 해줘서 다양한 요리에 곁들이는
재료로 활용된다.

들깻가루
들깻가루는 들깨를 갈아서 사용하는
것으로 향이 강해서 음식의 잡내를
잡아주거나 무침 요리에 쓰인다.

진간장
간장 특유의 진한 향과 감칠맛이 있
어 조림, 볶음, 무침 요리에 쓰인다.

국간장
색은 연하지만 짠맛이 강해 국의 간
을 맞출 때 주로 쓰인다. 좀 더 깔끔한
맛을 원할 때 볶음이나 조림 요리에
사용하기도 한다.

카놀라유
카놀라유는 혈중 나쁜 콜레스테롤을
낮춰주는 '식물성스테롤' 성분이 있
고, 발연점이 높아 튀김 요리에 적합
하다.

콩기름
콩에서 채취해 가정에서 일반적으로
많이 사용하는 식용유다. 인체에 필수
적인 불포화지방산이 풍부하며 볶음,
부침, 튀김 등 다양한 조리법에 활용
한다.

올리브유
'올레인산'이라고 하는 불포화지방산
이 장의 운동을 촉진해 다이어트에
효과적이다. 풍미가 좋고 특유의 향이
있어 드레싱 재료로 활용한다.

레몬즙
레몬의 상큼한 향과 맛이 음식의 잡 내를 잡아주어 해산물 요리에 활용하 거나 샐러드의 드레싱 재료로 쓴다.

식초
달콤하고 상큼한 맛을 내고 싶을 때 사용한다. 피로 회복을 돕고, 인체에 해가 되는 미생물의 번식을 억제한다. 양조 식초, 사과 식초, 레몬 식초, 현미 식초 등이 있다.

올리고당
올리고당은 설탕과 비슷한 맛을 내면 서도 칼로리는 낮다. 높은 열에서 오 랫동안 가열하면 단맛이 없어져 주로 장아찌나 나물을 무칠 때 쓴다.

설탕
음식의 단맛을 더해주는 조미료다. 다 양한 요리에 활용하며 당이 주성분이 기 때문에 되도록 사용량을 줄이는 것이 다이어트에 좋다.

소금
개운한 짠맛을 주는 조미료로 음식 재료의 밑간을 할 때 쓴다. 채소에 쓸 때 삼투압 작용으로 물이 스며나오기 때문에 뿌리는 시점에 주의한다.

된장
메주로 장을 담가서 장물을 떠내고 남 은 건더기로 만든다. 한식에서 국물 요 리나 무침, 구이 등 음식의 간을 맞추 고 맛을 내는 데 기본적으로 쓰인다.

고추장
우리나라 고유의 발효 식품으로 단맛 과 감칠맛, 고추의 매운맛, 소금의 짠 맛이 잘 조화를 이룬 조미료이다. 생 채나 숙채, 조림, 구이 등 다양한 조리 법에 쓰인다.

고춧가루
매운맛과 칼칼한 맛을 내는 식재료로 용도에 따라서 빻는 정도가 다르다. 고운 가루는 고추장과 조미료, 중간 가루는 김치와 깍두기, 굵은 가루는 풋김치 또는 열무김치에 쓴다.

멸치액젓
멸치를 발효시켜 달인 것으로 까나리 액젓보다 깊은 맛이 풍부하고 단맛은 적다. 끓이거나 발효시키는 음식에 넣 으면 좋다.

까나리액젓
까나리를 발효시켜 만든 것으로 각종 김치와 찌개, 미역국, 나물 무침, 달걀 찜, 메밀 육수 등에 간장 대신 사용한다.

후춧가루
요리에 따라 느끼한 맛과 누린내를 잡아준다. 생선과 고기 요리에 많이 쓰인다.

요즘 유행하는 잇 푸드 식재료

늘 먹던 반찬도 조리법을 달리하거나 새로운 식재료를 사용하면 전혀 다른 반찬으로 변신해요. 세계 각국에 흩어져 있는 다양한 식재료를 가지고 나만의 새로운 메뉴를 만들어보세요.

Herbs & Spices
특별한 맛을 더하는 허브와 향신료

1 큐민가루
멕시코와 인도 요리에 자주 쓰이는 향신료로 대형마트나 백화점, 인터넷쇼핑몰에서 구매할 수 있다. 카레 요리에 사용하거나, 고기 요리의 소스에 사용하면 풍미가 살아나고, 이국적인 맛을 낼 수 있다.

2 칠리파우더
아메리카 고추로 만들어 고춧가루를 대체해서 사용할 수 있다. 매운맛과 약간의 단맛이 돈다. 멕시코 요리의 기본 조미료로 어패류, 달걀, 스튜, 스테이크에 많이 쓰인다.

3 피클링스파이스
브랜드에 따라 다르지만 올스파이스, 월계수잎, 계피, 흑후추, 정향, 칠리, 고수, 겨자씨, 캐러웨이씨, 칠리, 회향씨, 심황, 카다몬, 메이스 딜, 생강 등을 혼합한 것으로 피클을 담글 때 쓰는 향신료다.

4 케이얀 페퍼
아프리카 고추를 갈아 만든 것으로 후추보다 매운맛이 난다. 빨간색 고운 가루로 조금 넣어도 매운맛과 풍미가 살아난다.

5 파마산 치즈가루
짠맛과 함께 감칠맛과 특유의 향이 나는데, 강판이나 필러로 긁어서 서양 요리에 뿌려 먹는다. 반죽에 밑간할 때 쓰기도 하고, 페스토를 만들 때 넣으면 진한 맛과 풍미가 잘 산다.

6 월계수잎
입맛을 돋아주는 알싸하고 향긋한 향으로 육수를 내거나 소스를 끓일 때, 또는 피클 만들 때 사용한다. 한 장만 넣어도 향이 풍부하여 소량으로 쓰인다.

7, 9 바질 & 바질가루
이탈리아와 프랑스 요리에 많이 사용되는 허브로 향이 진하고 달콤한 맛을 가지고 있다. 파스타 소스나, 볶음 요리, 찜 요리 등에 생으로 잘라 쓰거나 페스토로 갈아서 사용한다. 두통, 불면증 해소에 좋다.

8 고수
동남아 요리에 빠지지 않고 사용하는 식재료로 고명으로 조금씩 얹어서 사용하면 좋다. 마르거나 짓무르지 않도록 키친타월에 싸서 보관한다.

건강을 챙겨주는
슈퍼 식재료

6 무화과

쫀득하면서도 씨가 톡톡 씹혀 독특한 맛이 난다. 단백질 분해효소가 많이 들어 있어 고기 요리와도 잘 어우러진다. 잼이나 소스로 활용하면 범위가 더 넓어진다.

1 병아리콩

이집트콩으로 생김새가 병아리 얼굴을 닮았다. 지중해, 인도, 중앙아시아 요리에 많이 사용되며 소스, 샐러드에 쓰인다.

7 키드니빈

강낭콩의 일종으로 식욕부진, 변비, 피로, 부종 완화에 도움이 된다. 이미 한 번 삶아 통조림으로 시판되어 별다른 조리 없이 양식 요리의 사이드 메뉴로 많이 사용한다.

8 견과류

심장병 예방에 도움이 되며 두뇌발달에 좋은 DHA가 풍부하다. 굽거나 볶아서 사용하면 더욱 고소하다.

2 귀리

현미처럼 꼬들한 식감이 있는 작물로 현미같이 씹을수록 단맛이 난다. 식이섬유소가 많이 함유되어 변비 예방과 다이어트에 좋고 피부 미용에도 효능이 있다.

3 렌틸콩

미국의 건강전문지 <헬스(Health)>가 세계 5대 건강식품으로 선정하여 유명해진 인도의 콩으로 붉은색, 노란색, 초록색, 갈색, 회색, 검은색 등 다양한 색이 있다. 고소한 맛이 나며 수프나 카레, 스튜, 샐러드, 볶음 요리 등 여러 요리에 쓰인다. 단백질, 식이섬유, 칼륨, 엽산 등 다양한 영양소가 풍부하게 함유되어 있다.

4 치아시드

물에 불려 먹는 것이 일반적인 섭취법으로 수분 흡수율이 높아 피부 미용에 좋고, 조금만 먹어도 포만감이 들어 다이어트에 좋다. 철분이 많이 함유되어 있어 빈혈 예방에도 좋다.

5 요구르트

발효유의 일종으로 산이 많고 상쾌한 풍미가 있는 식품이다. 저칼로리 드레싱을 만들 때 쓴다.

11 실곤약

칼로리가 0에 가까운 저칼로리 식품으로 다이어트에 좋다. 떫거나 비린 맛이 있을 수 있는데 식초에 데쳐 여러 번 헹구면 사라진다.

9 리코타 치즈

우유나 생크림에 식초 혹은 레몬즙과 소금을 넣고 끓여 면포에 거르면 완성되는 치즈다. 샐러드에 넣어 먹기도 하고 설탕에 절인 과일과 함께 디저트로 먹기도 한다.

10 페타 치즈

염소 혹은 양 젖으로 만든 그리스식 치즈로 소금물에 담가 만들기 때문에 염분 함량이 높아 얇게 썰어서 샐러드에 넣거나 그릴에 구워 샌드위치에 넣어 먹는다.

다양한 맛을 내는
해외 식재료

1 두반장

대두나 잠두를 발효시켜 홍고추와 소금을 섞어 만든 중국의 장류로 불그스름한 갈색 빛이 돈다. 매운맛을 내는 중국 요리에 많이 쓰이며 대표적인 음식으로 마파두부와 깐풍기가 있다.

2 안초비

청어과에 속하는 생선을 소금에 재운 뒤 향신료와 올리브유 등과 함께 저장한 것으로 짭짤하고 감칠맛이 뛰어나다. 통째로 사용하거나 다져서 사용한다.

3 발사믹 식초

이탈리아 모데나 지역의 포도를 전통방식으로 오랫동안 숙성시킨 포도 식초다. 단맛이 있으며 풍미가 좋아 별다른 맛을 더 첨가하지 않아도 맛이 풍부하다.

4 피시소스

민물고기나 바닷물고기에 소금을 넣고 발효시킨 액체 양념으로 동남아 요리에서 자주 사용하는 식재료다. 특유의 감칠맛과 풍미를 주는데 구하기 어려울 때는 까나리 액젓이나 멸치액젓 등을 대신 활용할 수 있다.

5 홀그레인머스터드소스

통 겨자와 상큼한 파인애플이 들어 있어 매운맛은 강하지 않지만, 신맛과 단맛이 나고 톡톡히 씹히는 식감이 있다. 고기 요리와 잘 어우러지며, 샐러드 드레싱으로 응용해도 좋다.

6 라임즙

상큼하고 달콤한 맛이 있으며 비타민 C가 다량으로 함유되어 여러 음식에 잡내 제거와 단맛을 낼 때 사용한다.

7 피넛버터

땅콩을 갈아서 만든 것으로 빵에 많이 발라 먹지만, 고소한 맛이 강하므로 드레싱으로 활용하면 좋다.

8 바질 페스토

바질, 잣, 파마산 치즈, 다진 마늘, 소금, 올리브유를 넣고 갈거나 잘게 다져서 만든 것으로 허브 특유의 향이 나며 풍미가 좋다. 빵에 바르거나, 파스타 소스 등에 쓰거나 채소 볶음에도 활용할 수 있다.

9 칠리소스

동남아 음식에 많이 사용하는 칠리소스는 단맛과 매운맛을 동시에 가지고 있다. 주로 해산물 요리와 잘 어울리며 대표적인 요리로 칠리새우가 있다.

알뜰하고 실속 있게 장보기

실속 있게 장을 보기 위해서는 재료의 특성에 맞게 장을 보는 것이 중요해요. 유통기한이 짧고 소량이 필요한 식재료는 재래시장이 훨씬 경제적이에요. 반면 장기간 보관할 수 있는 식재료는 마트나 인터넷에서 세일할 때 대량으로 구매하는 것이 좋아요. 알뜰하고 실속 있게 장을 보는 여러 가지 방법을 소개해요.

장보기 전에 냉장고 정리하기

냉장고에는 요리할 때 필요한 각종 식재료가 많이 보관되어 있어요. 냉장고 정리가 제대로 되어 있지 않으면 식재료를 찾지 못하고 여러 번 사게 되는 경우가 종종 있어요. 장을 보기 전에 냉장고를 정리하면서 혹시 있는 재료를 또 사는 건 아닌지 유통기한이 얼마나 남았는지 확인해주세요. 자주 쓰는 식재료는 바로 꺼내 쓸 수 있게 앞쪽에 보관하고 부피가 크거나 쓸 일이 적은 식재료는 뒤쪽에 보관해둬요. 냉장고 문을 자주 여닫을수록 재료의 신선도가 떨어지기 때문에 냉장고 문에 냉장고 속 식재료를 적어두면 식재료를 알뜰하게 오래 보관할 수 있어요.

모아 사거나 메모하는 습관 기르기

기본양념 재료들은 요리할 때 꼭 필요한 재료들이니 장을 보기 전에 얼마나 남았는지 메모해서 떨어지지 않게 준비해주세요. 냉장고나 냉동실에 보관할 수 있는 재료는 세일할 때 모아서 사서 1회분씩 나눠 보관해서 쓰면 재료비를 아낄 수 있어요.

재료 살 때는 꼼꼼히 살피기

마른 버섯이나 나물 등을 살 때는 너무 부서져 있지는 않은지, 혹시 물기가 있거나 곰팡이가 피어 있지 않은지, 군내가 나지는 않는지 살펴보세요. 신선한 채소는 한눈에 봐도 윤기가 나고 무르지 않고 단단해요.

식구가 적다면 재래시장에서 장보기

재료를 살 때 대형마트나 백화점 마트보다는 재래시장을 이용하는 게 더 싸요. 게다가 손으로 일일이 들고 다녀야 하므로 장을 보다보면 손이 무거워져서 싸다고 필요 없는 물건을 사지 않게 돼요. 또한 필요한 만큼 나눠서 살 수 있어서 재료를 남길 걱정이 없고 제철 재료를 더 싸고 신선하게 살 수 있어요.

마트나 인터넷을 이용하기

대형마트에는 많은 재료가 한 공간에 모두 모여 있어서 여러 재료를 빠르게 살 수 있어요. 마트에서 파는 재료들은 손질과 포장이 잘 되어 있어서 별도의 손질 없이 냉장고에 보관해도 좋아요. 인터넷 쇼핑몰에서 장을 볼 경우 집까지 배송해주기 때문에 많은 재료를 사거나 무거운 재료를 살 때 이용하면 편리해요. 하지만 냉장실이나 냉동실에 반드시 넣어서 보관해야 하는 신선식품들은 배송 시 변질될 수 있으니 직접 재래시장이나 마트에서 장을 보는 게 좋아요. 얼마나 샀는지 구매하기 전에 계산하고 합리적으로 장을 보도록 해요.

장을 본 뒤에는 바로 장바구니 정리하기

재료를 알뜰하게 사는 것보다 더욱 중요한 것은 장을 보고 난 뒤 바로 재료 손질을 하는 것이에요. 자주 포장을 풀거나 손질을 제대로 하지 않은 상태로 보관하면 재료의 신선도가 떨어져서 끝까지 먹지 못하고 버리는 경우가 생겨요. 금방 먹을 것과 천천히 먹을 것을 구분하여 냉장실과 냉동실에 각각 보관해요. 장을 본 뒤 바로 정리하는 습관을 들여 알뜰하게 살림해요.

부엌에 꼭 있어야 하는
기본 조리도구

처음 독립을 하거나 혹은 신혼일 때는 나만의 살림살이를 장만하는 데 열중하지요. 그중 조리도구는
빼놓을 수 없는 살림 쇼핑 목록 중 하나로 마트에 가면 다양한 아이디어 상품이 눈길을 끌어요. 하지만 대부분의 요리는
기본 조리도구만 활용해도 만들 수 있는 것들이 많아요. 부엌에 꼭 필요한 기본 조리도구만을 구입해 자신의 손에 익을 때까지
잘 길들여 사용해 보세요. 조리도구가 손에 익을수록 요리에 속도가 붙고 완성도가 높아져요.

계량스푼
요리에 필요한 재료를 계량할
때 쓰는 것으로 1큰술에 15ml, 1
작은술에 5ml다.

계량컵
계량스푼보다 많은 양을 잴 때
쓰며 1컵에 200ml다. 종이컵
한 컵을 깎아 살짝 모자라게 담
은 양과 같다.

나무젓가락
나무젓가락은 열전도율이 낮아
음식을 볶거나 튀김 요리를 할
때 편리하다.

집게
두껍거나 무거운 재료를 집거
나 볶을 때 사용하면 편리하다.

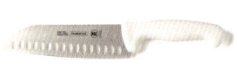

칼
써는 재료의 크기에 따라 큰 것
과 중간 것으로 나눠서 사용하
면 좋다. 큰 것은 큰 채소를 통
으로 가르거나 채를 썰 때 사용
하고, 중간 것은 얇은 채소의 밑
동을 제거하거나 과일을 깎을
때 사용한다.

나무 도마
요리 재료를 준비하거나, 칼을
쓸 때 음식을 받쳐주는 용도로
쓴다. 곰팡이가 생기지 않도록
햇볕에 널거나 주기적으로 살
균·세척을 하는 것이 좋다.

가위
칼과 도마를 사용하지 않고 음
식을 자르거나, 껍질이 있는 재
료를 다듬을 때 사용한다.

필러
감자나 오이 껍질을 까거나 치
즈를 얇게 저며낼 때 좋다.

거품기

양념을 섞거나 가볍게 거품을
낼 때 사용한다. 달걀을 풀 때도
편리하다.

체

채소를 씻거나 곡물을 불린 뒤
물 뺄 때 사용한다.

스텐리스 볼

채소를 씻거나, 곡물을 불리거
나, 음식을 버무릴 때 사용한다.

팬

볶음, 부침, 튀김을 할 때 사용
한다.

편수냄비

가볍게 끓이거나 데칠 때 사용
한다. 주로 양이 적은 것을 조리
할 때 쓴다.

양수냄비

많은 양의 재료를 장시간 끓이
는 데 사용한다. 두꺼운 팬은 은
근하게, 얇은 팬은 빠르게 익히
는 데 좋다.

웍

열이 고르고 넓게 퍼져 고온이
필요한 볶음, 튀김 등을 할 때
쓴다. 재료가 밖으로 잘 떨어지
지 않아 편리하다.

압력솥

쌀을 불려 밥을 하거나 곡물을
익힐 때 쓴다. 짧은 시간 고온의
압력으로 조리하기 때문에 육
질이 뻑뻑한 고기도 부드럽게
익힐 수 있다.

타이머

시간을 재면서 요리해야 할 때
사용하면 편리하다.

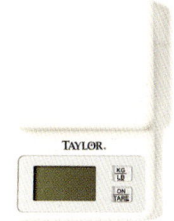

저울

수저나 컵으로 계량할 수 없는
부피가 큰 재료를 잴 때 사용
한다.

믹서

음식 재료를 다지거나 갈 때 사
용하는 것으로 재료를 한데 골
고루 섞을 때 사용하기도 한다.

뚝 소리 나는
식재료 손질과 보관

장을 보고 가장 먼저 해야 할 일은 식재료의 분류와 손질이에요.
당장 조리할 식재료와 오래 두고 먹을 식재료를 나눠, 식재료의 특성에 따라
손질하고 각각 알맞게 보관해요. 양념을 만들 때 자주 사용하는 식재료는
미리 손질해서 냉동 보관하여 요리할 때 꺼내 쓰면 조리시간을 단축할 수 있어요.

Vegetables
채소

콩나물
물에 담가 보관하면 갈변 현상 없이
더 오래간다. 하지만 너무 오래 담
가두면 수분을 흡수해 물러지고 투
명해지므로 주의한다.

잎채소
수분이 없도록 보관해야 짓무르지
않는데 투명한 비닐에 담아 소량씩
나눠서 보관하면 좋다. 특히 냉장고
에 보관할 때에는 다른 무거운 채
소에 눌리지 않도록 주의한다. 남은
나물을 데쳐서 냉동할 때는 약간 촉
촉한 상태로 넣어야 해동 시 질겨지
지 않는다.

감자 · 고구마
싹이 나지 않도록 신문으로 싼 뒤
그늘지고 서늘한 곳에 통풍이 잘되
게 보관한다.

양파
오래 보관할 때는 신문지에 싸서 서
늘한 곳에 보관한다. 빨리 사용할
것은 껍질을 벗기고 랩으로 감싸 냉
장고 서랍에 보관한다.

다진 마늘
마늘은 다져서 펼친 뒤 밀폐 비닐에
담아 젓가락 등으로 구획을 나누어
냉동 보관하면 한 개씩 꺼내 쓰기
편리하다. 납작해야 더 해동이 빨리
되기 때문에 최대한 얇게 눌러 보관
한다.

파
흰 부분과 녹색 부분으로 나뉘어 송
송 썰어 밀폐 비닐에 담아 냉동 보
관한다. 파를 미리 손질해두면 국이
나 찌개, 볶음 요리 등을 할 때 조리
시간을 단축할 수 있다.

두부
물에 잠기도록 넣고 매일 물을 갈아
준다. 오래 보관할 시 살짝 물에 데
쳐 밀폐용기에 보관하면 좋다.

Meats
육류

다진 고기

최대한 납작하게 눌러서 밀폐 비닐에 담아서 보관한다. 다진 마늘을 보관하듯 경계를 나눠 눌러 보관했다가 한 개씩 꺼내 쓰면 편리하다. 동그랗게 뭉쳐서 보관하면 가운데와 가장자리 해동시간이 달라서 조리하기 힘드니 반드시 납작하게 눌러 보관한다.

구이용 생고기

구이용 생고기는 한꺼번에 뭉쳐서 보관하면 나중에 해동하는 시간이 오래 걸린다. 종이 포일을 고기 사이에 끼운 뒤 밀폐 비닐에 담아서 보관하면 10분 정도만 꺼내 놓아도 각각 떨어진다.

닭고기

한입 크기로 썰어 밀폐 비닐에 담아 보관한다. 비린내가 날 경우 우유에 재웠다가 사용한다.

Seafoods
해산물

생선

내장과 아가미에서 세균이 번식하므로 깨끗이 씻고 손질하여 납작하게 눌러 한 개씩 나누어 보관한다. 비린내가 날 경우에는 청주를 뿌린다.

오징어

내장에 세균이 번식하기 때문에 내장을 제거하고 깨끗이 씻어서 보관한다. 통으로 보관해도 좋지만 요리하기 좋은 크기로 잘라서 납작하게 눌러 보관하면 해동 과정 없이 바로 사용할 수 있다.

조개

그대로 냉동하면 조갯살이 퍼져 나중에 조리할 때 맛이 퍽퍽해진다. 해감한 뒤 데쳐서 살과 육수를 따로 나눠 한 번에 먹을 만큼만 통에 넣어 냉동한다. 살은 발라서 보관해도 좋고, 보기 좋게 하려면 껍질째 보관해도 좋다.

요리가 쉬워지는 계량법

식재료를 일일이 계량스푼과 계량컵에 담아 요리하면 레시피에 따라 정확하게 요리할 수 있지만 요리 초보자에게는 계량도 버거운 일이에요. 편하게 요리할 수 있게 어느 집에나 있는 밥숟가락과 종이컵 그리고 손으로 한 줌 집어서 눈대중으로 계량하는 법을 소개해요. 계량도구를 사용하지 않고 눈대중과 손대중으로 편리하고 맛있게 요리해보세요.

1큰술 = 15mL = 1숟가락 소복히

가루 재료
밥숟가락으로 자연스럽게 떠 담아요.

액체 재료
밥숟가락에 찰랑거리게 담아요.

다진 양념
밥숟가락에 소복하게 떠 담아요.

장류
밥숟가락에 소복하게 떠 담아요.

1작은술 = 5mL = 1/3숟가락

가루 재료
밥숟가락에 1/3 정도만 깍아서 담아요.

액체 재료
밥숟가락에 가장자리가 보이도록 1/3 정도만 넘치지 않게 담아요.

다진 양념
밥숟가락에 1/3 정도만 깍아서 담아요.

장류
밥숟가락에 1/3 정도만 깍아서 담아요.

1컵 = 200mL = 종이컵 1컵

종이컵에 깎아서 살짝 모자르게 담아요.

손으로 100g 계량하기

시금치 1줌
한 손으로 자연스럽게
쥐어요.

콩나물 1줌
한 손으로 가득 쥐어요.

북어포 1줌
한 손으로 자연스럽게
쥐어요.

멸치 1줌
한 손으로 가득 쥐어요.

콩 1줌
한 손으로 자연스럽게
쥐어요.

눈대중으로 100g 계량하기

새송이버섯 2개

상추 1줌

생고기 5cm×5cm×2cm

간 고기 1줌

당면 500원 동전 크기만큼 잡은 양

알아두면 편리한
재료 썰기

재료를 일정한 크기로 손질하면 보기에도 좋지만 간이 골고루 배고 알맞게 익어
더욱 맛있는 요리가 완성돼요. 요리와 재료의 특성에 맞게 손질법과 썰기 방법을 미리 익혀보세요.

깍뚝 썰기

식재료를 정사각형으로 써는 방법
이에요. 주로 깍두기나 카레의 채소
재료를 손질할 때 쓰여요.

반달 썰기

원기둥 모양의 재료를 세로로 길게
썬 뒤 가로로 얇게 써는 방법이에
요. 당근, 감자, 애호박 등을 손질해
찌개나 탕을 끓일 때 자주 써요.

십자 썰기

둥근 재료를 열 십자(+)로 나눠 다
시 가로로 일정한 굵기로 썰어 부채
꼴 모양으로 써는 방법이에요.

채 썰기

식재료를 비스듬하게 썰어 층층이
겹쳐 다시 가늘고 길게 써는 방법이
에요. 무침이나 김치소에 들어가는
채소를 손질할 때 쓰여요.

어슷 썰기

파나 고추같이 세로로 긴 채소를
한쪽으로 비스듬하게 써는 방법이
에요.

송송 썰기

대파, 실파, 고추 등을 일정한 간격
으로 써는 방법이에요. 송송 썰기를
해서 투명 밀폐용기에 담아 냉동실
에 보관해 사용하면 편리해요.

편 썰기

마늘, 생강, 버섯 등 주로 작은 재료
를 얇게 저미듯 써는 방법이에요.
칼을 조심해서 사용해야 해요.

다져 썰기

재료를 아주 작은 크기로 여러 번
깍둑 썰기를 해요. 죽에 들어가는
채소나 볶음밥 재료를 손질할 때 자
주 써요.

초보도 달인으로 만들어주는
요리 알짜 팁

집밥은 밖에서 사 먹는 음식보다 맛있고, 건강에도 좋아요. 하지만 부족한 요리 실력과
적지 않은 시간과 비용을 투자해야 한다는 부담감이 있지요. 그런 요리 초보자들을 위해 간단하지만
요리가 쉬워지고 집밥이 맛있어지는 알짜팁을 소개해요.

음식의 간은 한 김 식힌 뒤에 심심하게 하기

음식이 뜨거우면 혀가 둔해져 제대로 간을 보기 어려워요. 약간 식힌 뒤에 간을 보세요. 식고 나면 더 짠맛이 느껴지기 때문에 뜨거울 때는 약간 심심하게 간을 해요. 기본양념이 재래식인지 아닌지, 어떤 브랜드인지에 따라 간이 달라질 수 있어요. 우리 집 양념의 염도나 나의 입맛에 관해서 미리 알아두는 것이 좋아요. 채소를 볶거나 샐러드에 드레싱을 입히면 물이 나와 맛이 흐려져요. 하지만 최대한 싱겁게 먹는 것이 건강에 좋으니 다시 간을 하지 마세요.

나물 반찬은 한 끼 양만 하기

너무 많은 양을 만들어서 먹다보면 밀폐용기에 담아서 냉장 보관을 해도 반찬 뚜껑을 여닫는 사이에 음식물이 상하거나 맛이 변할 수 있어요. 따뜻하게 먹어야 좋은 반찬들은 냉장 보관을 하게 되면 맛이 덜해져요. 나물 반찬은 한 끼 식사량만 만들어서 먹는 게 좋아요.

일주일 한 달 단위로 저장 반찬 분류하기

저장 반찬은 일주일 단위, 한 달 단위로 먹을 것을 분류해요. 일주일 안에 먹을 것은 냉장고 앞쪽에, 한 달 넘게 보관할 것은 냉장고에서 가장 깊숙한 곳에 보관해요. 더 오래 보관하고 싶다면 김치냉장고에 넣어도 좋아요.

먹을 만큼씩 미니 반찬통에 넣어 보관하기

매일 꺼내 놓고 먹는 반찬들은 문 열고 하나하나 옮기지 말고 반찬을 조금씩 모아 두는 통을 만들어요. 그 통만 꺼내서 옮겨 담고 다시 냉장고에 넣으면 냉장고 문이 열려 있는 시간과 하나씩 꺼내는 수고를 줄일 수 있어요.

반찬 맛있게 데우는 요령

나물을 다시 데울 때는 물을 약간 넣어서 촉촉하게 볶는 것이 좋아요. 나물 종류에 따라 들기름이나 참기름을 더해서 볶아도 좋아요. 카레나 스튜 등의 걸쭉한 것들은 육수 혹은 우유를 넣어서 끓여야 맛이 좋고 국물 요리도 맹물보다는 육수를 넣으면 맛이 더 좋아요. 또 찜통에 찌면 겉면이 마르지 않게 데울 수 있어요.

냉장고에 남은 밑반찬 활용법

밑반찬이 애매하게 남았을 때는 잘게 다져서 주먹밥으로 활용해요. 남은 장아찌는 다져서 전이나 샐러드 위에 얹어 먹어도 좋아요. 나물은 전으로 활용하거나 달걀찜 등에 넣으면 씹히는 맛과 함께 영양도 높일 수 있어요. 볶음 요리들은 김이나 김치, 깻잎 등을 더해서 볶음밥으로 만들어요. 또는, 물과 함께 밥을 넣고 묽게 끓여서 죽으로도 활용할 수 있어요. 피클물이나 장아찌 국물은 튀김 요리나 전 등을 찍어 먹을 때 쓰면 좋아요. 샐러드 드레싱이나 무침 양념으로도 활용할 수 있어요.

PART   : 기 본 식 재 료 로 만 드 는

1   매일 반찬

DAILY MENU

365일 즐겨 먹는 채소 반찬

입이 즐거운 육류 · 해산물 반찬

마음까지 든든해지는 밑반찬

매일 반찬은 마트에 가면 손쉽게 구할 수 있는 식재료로 대부분 조리법이 쉽고
간단해요. 한 끼 식사는 물론 저장해두고 매일 먹어도 손색이 없는 밑반찬이에
요. 후다닥 만들어 맛있게 즐겨보세요.

DAILY
MENU

365일 즐겨 먹는
채소 반찬

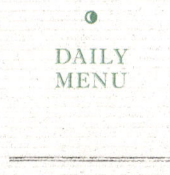

후추감자나물

감자는 맛이 부드럽고 담백해 조리법에 따라 다양한 맛을 낼 수 있어요.
브런치 메뉴로도 잘 어울리는 후추감자나물을 만들어보세요.

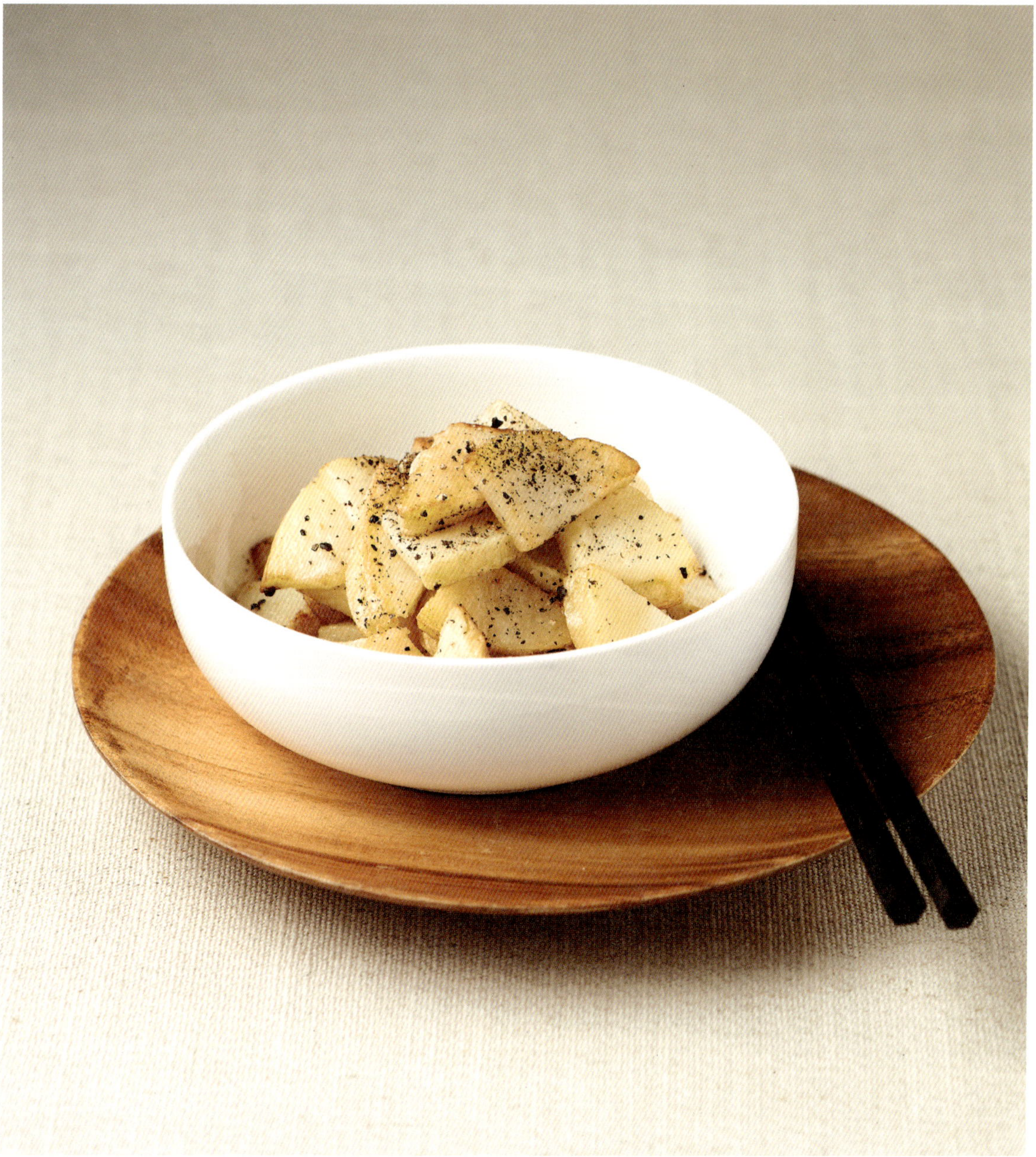

ingredient : 4인분

감자 2개, 버터 4큰술, 소금 약간, 후춧가루 약간

Tip
조금 더 담백한 맛을 원한다면 버터 대신 올리브유로 볶아
주세요. 집에 허브가 있다면 함께 넣어도 좋아요.

1 : 감자는 껍질째 깨끗이 씻은 뒤 4등분 하고
0.5cm 폭으로 썬다.

2 : ①의 감자에 소금을 약간 뿌린 뒤 10분 정도
재운다.

3 : 달군 팬에 버터를 두른 뒤 ②의 감자를 넣고
볶는다.

4 : 감자가 부드럽게 익으면 굵은 후춧가루를
뿌린다.

시금치나물

부드럽고 달콤한 시금치 본연의 맛을 즐길 수 있는 기본 나물로
깔끔한 맛을 원한다면 다진 마늘을 빼고 조리해요.

ingredient : 4인분

시금치 20포기

양념장 국간장 1큰술, 다진 마늘 1/2작은술, 통깨 약간

 Tip
시금치가 자작하게 잠길 정도로 물을 넣고 충분히 삶아야
영양 손실이 적고 부드러워요.

1 : 시금치는 깨끗이 씻어 밑둥의 긴 뿌리는 제
거하고 4등분한다.

2 : 끓는 물에 시금치를 넣고 5분 정도 삶는다.

3 : 양념장 재료를 골고루 섞는다.

4 : 시금치와 양념장을 골고루 버무린다.

시금치두부무침

시금치는 섬유질과 철분이 풍부한 식재료예요. 한창 자라는 아이들과 임산부에게
특히 좋아요. 구수한 된장과 고소한 두부를 곁들여 시금치두부무침을 만들어보세요.

ingredient : 4인분

시금치 20포기, 두부 1/2모, 된장 1½큰술, 다진 마늘 1/2작은술,
통깨 약간

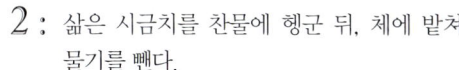
Tip
먼저 두부에 양념을 골고루 섞어야 시금치에 간이 잘 배
고 섞기 편해요

1 : 시금치는 깨끗이 씻어 밑동의 긴 뿌리는 제거
하고 4등분하여 5분 정도 끓는 물에 삶는다.

2 : 삶은 시금치를 찬물에 헹군 뒤, 체에 밭쳐
물기를 뺀다.

3 : 물기를 뺀 시금치와 거즈로 감싸 손으로 물
기를 뺀 두부를 준비한다.

4 : 두부에 된장과 다진 마늘을 넣어 골고루 섞
은 뒤, 시금치와 통깨를 넣고 골고루 버무
린다.

무나물

무가 자작하게 잠길 정도로 물을 붓고 푹 삶으면 달고 말캉한 무나물이 완성돼요.
여름에 시원하게 냉장고에 보관했다가 국물과 함께 떠먹어도 맛있어요.

ingredient : 4인분

무 1/3개, 소금 약간, 간 통깨 약간

 Tip

무를 세로 방향으로 썰면 무의 조직감이 무너지지 않아 씹는 맛이 더 살아나요. 익힐 때는 뒤적거리지 않고 그대로 익혀야 무가 끊어지지 않아요.

1 : 무는 깨끗이 씻어 10cm 폭으로 자른 뒤, 세로로 편을 썬 뒤 채를 썬다.

2 : 냄비에 물을 자작하게 붓고 ①의 무를 넣고 소금을 약간 넣는다.

3 : 뚜껑을 덮고 약한 불에서 무가 부드럽게 익을 때까지 10분 정도 삶는다.

4 : 간 통깨를 삶은 무에 뿌린다.

도라지나물

쌉쌀한 맛과 씹히는 맛이 좋은 도라지나물은 간장 대신
소금으로 간을 하면 도라지 특유의 색이 살아나서 보기에 좋아요.

ingredient : 4인분

도라지 10뿌리, 참기름 1큰술, 다진 파 1작은술, 소금 약간, 통깨
약간

Tip

도라지는 소금을 넣고 충분히 주물러 씻어야 쓴맛이 사라
져요. 도라지가 많이 뻣뻣할 경우에는 볶을 때 물을 살짝
넣어서 찌듯이 볶으면 타지 않으면서도 부드럽게 조리할
수 있어요.

1 : 도라지는 껍질을 벗긴 뒤 소금을 뿌려 주물
러 씻는다.

2 : 방망이로 두들긴 뒤 적당한 크기로 찢거나
칼로 썬다.

3 : 달군 팬에 참기름을 두른 뒤 도라지를 넣고
볶는다.

4 : 도라지가 부드러워지면 다진파와 소금을 넣
고 통깨를 뿌린다.

쑥갓나물

쑥갓나물의 향긋함과 부드러운 맛을 즐길 수 있는 반찬이에요.
고소한 들기름과 짭짤한 간장의 맛이 어우러져 밥과 함께 비벼 먹어도 맛있어요.

ingredient : 4인분

쑥갓 10줄기, 들기름 2큰술, 국간장 1큰술, 카놀라유 1큰술, 고춧가루 1/4작은술, 다진 마늘 1/4작은술, 볶은 들깨 약간

Tip

쑥갓은 너무 오랫동안 볶으면 질겨지니 살짝 숨만 죽여 볶아요. 들기름만 넣고 볶으면 발연점이 낮아서 쉽게 타기 때문에 향이 연한 카놀라유와 섞어 쓰는 것이 좋아요.

1 : 쑥갓은 깨끗이 씻어 10cm 폭으로 썬다.

2 : 달군 팬에 카놀라유와 들기름을 두른 뒤, 쑥갓과 다진 마늘을 넣고 함께 볶는다.

3 : 쑥갓이 부드러워지면 국간장과 고춧가루를 넣고 골고루 섞으며 볶는다.

4 : 마지막으로 볶은 들깨를 뿌린다.

숙주나물

아삭하게 씹히는 맛이 좋은 숙주나물은 간장으로 양념하여 깔끔한 맛이 나고,
칼로리가 높지 않아 다이어트에도 좋아요.

ingredient : 4인분

숙주 300g, 대파 1/4대, 통깨 약간, 카놀라유 적당량

양념장 간장 1큰술, 설탕 1작은술, 식초 1작은술

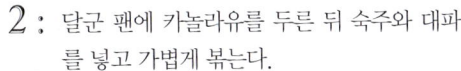

Tip

숙주는 아삭한 맛이 나도록 살짝만 볶아주세요. 대파의 매운맛이 싫다면 찬물에 담가 사용해요.

1 : 숙주는 깨끗이 씻어 뿌리 끝을 다듬고, 대파 는 10cm 폭으로 썬다.

2 : 달군 팬에 카놀라유를 두른 뒤 숙주와 대파 를 넣고 가볍게 볶는다.

3 : 양념장 재료를 ②에 넣고 골고루 섞는다.

4 : 마지막으로 통깨를 뿌린다.

양배추부추나물

양배추와 부추의 향긋한 맛이 어우러지는 나물이에요.
양배추가 익은 정도에 따라 아삭하고 부드럽게 즐길 수 있어요.

ingredient : 4인분

양배추잎 8장, 부추 40g, 국간장 1큰술, 다진 마늘 1작은술, 후춧
가루 약간, 통깨 약간

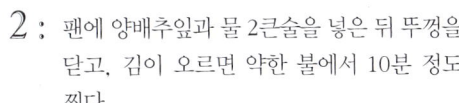

Tip

양배추의 두꺼운 줄기는 미리 제거해요. 부추는 오랫동안
익히면 질겨지기 때문에 마지막에 가볍게 남은 열로 살짝
익히는 것이 좋아요.

1 : 양배추 잎은 깨끗이 씻어 2×10cm 크기로
썰고, 부추는 4cm 폭으로 썬다.

2 : 팬에 양배추잎과 물 2큰술을 넣은 뒤 뚜껑을
닫고, 김이 오르면 약한 불에서 10분 정도
찐다.

3 : 양배추가 부드러워지면 국간장, 다진 마늘,
후춧가루를 넣어 골고루 섞어 볶는다.

4 : 부추와 통깨를 넣고 살짝 볶는다.

365일 즐겨 먹는 채소 반찬

무부추
생채무침

냉장고에 남은 무로 간단하게 칼질하고
양념에 쓱쓱 버무리면 완성되는
만들기 쉬운 반찬이에요.

ingredient : 4인분

무 1/4개, 부추 40g, 소금 약간, 통깨 약간
양념장 간장 2큰술, 식초 2큰술, 설탕 1큰술,
고춧가루 1/4작은술

1 : 무는 깨끗이 씻어 세로 방향으
로 채를 썬 뒤 소금을 뿌린다.

2 : 부추는 깨끗이 씻어 5cm 폭
으로 썬다.

3 : 무의 물기를 짠 뒤 부추와 양
념장을 넣어 골고루 버무리고
통깨를 뿌린다.

365일 즐겨 먹는 채소 반찬

열무된장무침

열무의 시원한 맛과 된장의
구수한 맛이 어우러지는 무침이에요.
입맛 없는 여름에 밥을 비벼먹어도
좋아요.

ingredient : 4인분

열무 10뿌리, 통깨 약간

양념장 된장 4큰술, 설탕 1큰술, 다진 마늘 1작
은술

1 : 열무는 깨끗이 씻어 5cm 폭
으로 썬다.

2 : 끓는 물에 열무를 넣고 데친 뒤
부드러워지면 꺼내 식힌다.

3 : 열무에 양념장 재료를 넣어 골
로루 섞은 뒤 통깨를 뿌린다.

콩나물무침 + 콩나물겨자채무침

콩나물은 씹을수록 아삭하고 고소한 맛이 올라와요.
콩나물 특유의 맛을 즐기고 싶다면 간을 심심하게 해서 만들어보세요.

ingredient : 4인분

콩나물 300g, 오이 1/2개, 양파 1/4개, 국간장 1큰술, 다진 파 1/2
큰술, 다진 마늘 1/2작은술, 통깨 약간

+ plus recipe **콩나물 겨자채 무침 양념장**

식초 4큰술, 설탕 2큰술, 연겨자 1작은술, 소금 1/4작은술, 통깨
약간

Tip

콩나물은 중간에 뚜껑을 열면 비린내가 나요. 익숙하지
않을 때는 처음부터 열고 삶으세요. 닫고 삶을 때는 증기
의 냄새를 맡아 비린내가 나지 않을 때까지 삶아줘요.

1 : 콩나물은 깨끗이 씻고, 오이와 양파는 채를 썬다.

2 : 냄비에 물을 넣고 끓기 시작하면 콩나물을 넣은 뒤 뚜껑을 열고 15분 정도 아삭하게 데친다.

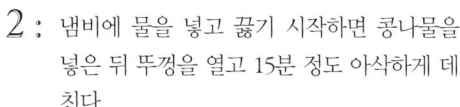

3 : 비린내가 나지 않으면 콩나물을 꺼내어 체에 밭쳐 식힌다.

4 : 콩나물에 국간장, 다진 파, 다진 마늘, 통깨를 넣고 골고루 무친다.

+ plus recipe 콩나물겨자채무침

5 : 콩나물 겨자채 무침을 만들고 싶다면 양념장 재료를 골고루 섞는다.

6 : ③의 콩나물에 ①의 오이, 양파와 ⑤의 양념장을 넣어 골고루 버무린 뒤 통깨를 뿌린다.

미나리골뱅이무침

향긋한 미나리와 골뱅이의 쫄깃한 맛이 함께 어우러지는 무침이에요.
새콤달콤하게 양념하여 비빔국수로 만들어 먹어도 좋아요.

ingredient : 4인분

미나리 80g, 골뱅이 10개, 다진 마늘 1/2작은술, 통깨 약간
양념장 간장 2큰술, 식초 1큰술, 설탕 1큰술, 고춧가루 1작은술,
    후춧가루 약간

Tip

미나리와 씹히는 질감이 비슷하도록 골뱅이는 가급적 얇
게 편을 썰어요.

1 : 미나리는 깨끗이 씻어 5cm 폭으로 자른다.

2 : 골뱅이는 얇게 편을 썰어 다진 마늘과 함께
    버무려 준비한다.

3 : 양념장 재료를 골고루 섞는다.

4 : 양념장에 미나리를 넣고 가볍게 무친 뒤 골
    뱅이를 넣고 골고루 섞어 통깨를 뿌린다.

오이도토리묵무침

부들부들한 도토리묵의 식감은 아삭한 오이와 더불어 향긋한 쑥갓과도 잘 어우러져요.
이때 도토리묵은 살짝 데쳐서 사용해야 더욱 쫄깃해져요.

ingredient : 4인분

도토리묵 1개, 오이 2개, 쑥갓 2줄기, 양파 1/4개, 통들깨 1/2작
은술

양념장 간장 3큰술, 식초 2큰술, 참기름 1큰술, 설탕 1큰술, 후춧
가루 약간

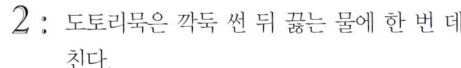
Tip
취향에 따라 참기름 대신 들기름을 넣어요. 들깨 향이 싫
다면 참기름과 통깨를 써요.

1 : 오이는 반으로 잘라 어슷 썬다. 쑥갓은 5cm
폭으로 썰고, 양파는 얇게 채를 썬다.

2 : 도토리묵은 깍둑 썬 뒤 끓는 물에 한 번 데
친다.

3 : 양념장 재료를 골고루 섞는다.

4 : 도토리묵, 오이, 양파, 쑥갓에 양념장을 넣
어 골고루 섞은 뒤 통들깨를 뿌린다.

애호박볶음

애호박은 색이 예쁘고 맛도 부드럽고 달콤해서 아이들도 좋아하는 반찬이에요.
새우젓을 넣으면 감칠맛이 더해져 더욱 맛있어요.

ingredient : 4인분

애호박 1개, 다시마물 1/2컵, 참기름 1큰술, 새우젓 2작은술, 다진 마늘 1작은술, 통깨 약간

Tip

애호박을 끓이면 시원하고 달달한 맛의 물이 나와 국물까지 모두 먹을 수 있어요. 새우젓으로 간을 하기 때문에 소금으로 간을 하지 않아도 돼요.

1 : 애호박은 세로로 길게 반을 갈라 1cm 폭으로 반달 썰기 한다.

2 : 냄비에 애호박, 다시마물, 새우젓, 다진 마늘을 넣고 끓인다.

3 : 애호박이 부드러워지면 참기름을 넣고 한소끔 더 끓인다.

4 : 마지막으로 통깨를 뿌린다.

취나물볶음

봄에 나오는 부드러운 취나물은 향긋한 향과 쌉쌀한 맛으로 입맛을 돋워줘요.
간을 할 때 취향에 따라 간장 대신 된장, 고추장을 써도 좋아요.

ingredient : 4인분

취나물 150g, 참기름 4큰술, 간장 1큰술, 설탕 1/4작은술, 통깨
약간

Tip

취나물을 볶을 때 조금 큰 잎과 줄기부터 볶다가 나중에
부드러운 잎을 넣으면 익는 속도가 비슷해서 골고루 볶을
수 있어요.

1 : 취나물은 깨끗이 씻어 잎을 떼어내고 줄기
는 5cm 폭으로 자른다.

2 : 달군 팬에 참기름을 두른 뒤 취나물을 넣고
볶는다.

3 : 취나물이 살짝 숨이 죽으면 간장, 설탕을 넣
고 골고루 볶는다.

4 : 마지막으로 통깨를 뿌린다.

깻잎다진소고기볶음

부드러운 깻잎 순을 활용하거나, 큰 깻잎을 잘라서 조리할 수 있어요.
덮밥이나 비빔밥 위에 올려도 좋아요.

ingredient : 4인분

깻잎(순) 200g, 다진 소고기 80g, 간장 2큰술, 참기름 2큰술, 다진 마늘 1큰술, 설탕 1/4작은술, 소금 약간, 후춧가루 약간, 통깨 약간

 Tip

다진 소고기 대신 다진 돼지고기나 오징어를 활용해도 좋아요. 깻잎에 쓴맛이 강할 때는 설탕 양을 조금 더 늘리면 맛이 부드러워져요.

1 : 깻잎은 4등분 한 뒤 끓는 물에 넣어 데친다.

2 : 데친 깻잎에 간장, 다진 마늘, 설탕을 넣어 골고루 버무린다.

3 : 달군 팬에 다진 소고기와 소금, 후춧가루를 넣고 볶는다.

4 : 소고기가 반 이상 익으면 참기름을 두르고 ②의 깻잎을 넣고 볶은 뒤 통깨를 뿌린다.

고추채들깨볶음

아삭하게 씹는 맛이 좋은 고추채들깨볶음은 매운 맛이 올라와서 식욕이 없을 때
먹기 좋아요. 들깻가루를 더해 고소한 맛이 나요.

ingredient : 4인분

풋고추 8개, 청량고추 4개, 카놀라유 2큰술, 간장 1큰술, 들깻가루 1큰술, 설탕 1/4작은술, 후춧가루 약간

Tip

들깻가루는 껍질이 있는 것과 없는 것이 있는데 껍질이 있는 것은 씹히는 맛이 나고 없는 것은 부드러운 맛이 나요.

1 : 풋고추와 청량고추는 반으로 잘라 씨를 제거한 뒤 길게 채를 썬다.

2 : 달군 팬에 카놀라유를 두른 뒤 풋고추와 청량고추를 넣고 볶는다.

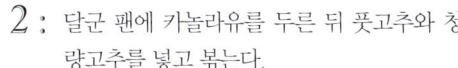

3 : 풋고추와 청량고추가 부드러워지면 간장과 설탕을 넣고 골고루 볶는다.

4 : ③에 들깻가루와 후춧가루를 뿌리고 한 번 더 볶는다.

우엉볶음

쫄깃하면서도 고소한 우엉은 식감이 아삭해 아이들도 맛있게 먹을 수 있는 반찬이에요.
김을 구워 밥과 함께 우엉볶음을 넣고 싸 먹어도 맛있어요.

ingredient : 4인분

우엉(30cm) 2대, 간장 4큰술, 설탕 2큰술, 올리브유 약간, 통깨 약간

Tip

우엉은 일정한 두께로 썰어야 볶을 때 균일하게 익어요.

1 : 우엉은 부드러운 솔로 겉면을 문질러 껍질
    이 얇게 벗겨지도록 깨끗이 씻은 뒤, 5cm
    폭으로 잘라 길게 채를 썬다.

2 : 달군 팬에 올리브유를 두르고 채를 썬 우엉
    을 볶는다.

3 : 우엉이 부드러워지면 간장, 설탕을 넣고 볶
    는다.

4 : 통깨를 뿌려 마무리한다.

매콤마늘종볶음

건고추를 기름에 볶아 매운 맛이 일품인 매콤마늘종볶음은
소고기나 돼지고기를 함께 넣으면 일품요리로도 즐길 수 있어요.

ingredient : 4인분

마늘종 10대, 매운 건고추 2개, 카놀라유 4큰술, 간장 2작은술,
설탕 약간, 통깨 약간

1 : 매운 건고추는 가위로 어슷하게 자르고, 마
늘종은 깨끗이 씻어 4cm 폭으로 썬다.

2 : 달군 팬에 카놀라유를 두른 뒤 매운 건고추
를 넣고 볶는다.

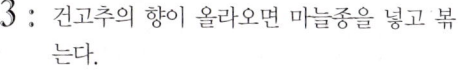

3 : 건고추의 향이 올라오면 마늘종을 넣고 볶
는다.

4 : 마늘종이 부드러워지면 간장, 설탕을 넣고
한 번 더 볶은 뒤 통깨를 뿌린다.

느타리버섯볶음

느타리버섯은 쫄깃하면서도 부드러운 식감이 있어 질리지 않고
오래 먹을 수 있어요. 참기름을 넣어 밥에 비벼 먹어도 맛있어요.

ingredient : 4인분

느타리버섯 200g, 파 1/2대, 양파 1/4개, 참기름 2큰술, 간장 1큰술, 통깨 1작은술, 설탕 1/4작은술, 후춧가루 약간

Tip

버섯은 숨이 죽으면 부피가 줄기 때문에 조금 도톰하게 찢는 것이 좋아요. 느타리버섯 대신 만가닥버섯, 백만송이버섯 등으로 바꿔서 조리할 수 있어요.

1 : 느타리버섯은 굵은 것은 손으로 찢고, 양파는 도톰하게 채를 썰고, 파는 어슷 썬다.

2 : 달군 팬에 참기름을 두른 뒤 양파를 넣고 볶는다.

3 : 양파가 반 정도 익어 투명해지면 느타리버섯과 파를 넣고 볶는다.

4 : 버섯이 부드러워지면 간장, 설탕을 넣고 볶은 뒤 통깨, 후춧가루로 마무리한다.

팽이버섯들깨볶음

익으면서 쫄깃한 식감이 생기는 팽이버섯은 밑동만 제거하고 가볍게 씻어 손질하면
쉽게 반찬으로 활용할 수 있어요. 베이컨으로 돌돌 말아 먹어도 맛있어요.

ingredient : 4인분

팽이버섯 1봉, 들깻가루 2큰술, 간장 1큰술, 설탕 1/4작은술, 후춧
가루 약간

 Tip

팽이버섯은 기름을 두르고 볶는 것보다 물을 두르고 볶으
면 맛은 담백해지고 칼로리는 낮출 수 있어요.

1 : 팽이버섯은 밑동을 제거한 뒤 씻어 물기를
빼다.

2 : 달군 팬에 팽이버섯과 물 2큰술을 넣고 익
힌다.

3 : 버섯이 숨이 죽으면 들깻가루, 간장, 설탕을
넣고 볶는다.

4 : 후춧가루를 뿌려 마무리한다.

연근조림

연근은 익히는 정도에 따라 아삭하기도 하고, 부드럽게 물러지기도 해요,
물엿을 많이 넣으면 카라멜처럼 쫄깃한 식감을 즐길 수 있어요.

ingredient : 4인분

연근(30cm) 1대, 다시마물 2컵, 물엿 6큰술, 간장 4큰술, 통깨 약간

 **Tip**

다시마물은 물 5컵에 다시마(5×5cm) 1장을 넣고 10분 정도 우려내요. 미리 만들어 두고 냉장 보관했다가 육수가 필요할 때 꺼내 쓰면 편리해요.

1 : 연근은 껍질째 깨끗이 씻은 뒤 0.5cm 폭으로 썬다.

2 : 냄비에 연근과 다시마물을 넣고 끓인다.

3 : 연근이 부드러워지면 간장과 물엿을 넣고 약한 불에서 푹 졸인다.

4 : 연근이 쫄깃해지고 맛이 배면 통깨를 뿌린다.

365일 즐겨 먹는 채소 반찬

오이초무침

오이초무침은 새콤한 식초와
짭짤한 소금으로 간을 하여
깔끔한 맛이 나는 무침 요리예요.

ingredient : 4인분

오이 1개, 식초 2큰술, 설탕 1큰술, 소금 1작은
술, 통깨 약간

1 : 오이는 소금으로 문질러 씻은
뒤 0.5cm 폭으로 썬다.

2 : 식초, 설탕, 소금을 섞어 가루
가 녹을 때까지 저어준다.

3 : 오이와 ②를 함께 버무려 통
깨를 뿌린다.

365일 즐겨 먹는 채소 반찬

표고버섯
들기름구이

버섯은 감칠맛이 풍부한 재료로
팬에 구우면 마치 고기 같은 향과
쫄깃한 식감을 즐길 수 있어요.

ingredient : 4인분

표고버섯 4개, 들기름 4큰술, 소금 약간, 굵은
후춧가루 약간

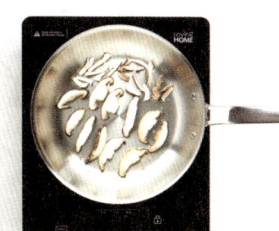

1 : 표고버섯은 깨끗이 씻어 버섯
갓은 도톰하게 편을 썰고, 밑
동은 아랫부분의 단단한 부분
을 제거하고 손으로 찢는다.

2 : 달군 팬에 들기름을 두른 뒤
표고버섯을 넣고 노릇하게 구
워준다.

3 : 표고버섯이 다 구워지면 소금
과 후춧가루를 뿌린다.

단호박된장구이

단호박의 달콤한 맛과 된장의 구수한 맛이 잘 어우러지는 요리로
밥에 으깨서 비벼 먹어도 좋아요.

ingredient : 4인분

단호박 1/2개, 검은깨 약간

양념장 된장 2큰술, 물 2큰술

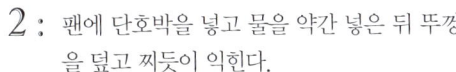

Tip

단호박을 익힐 때는 기름에 익히는 것보다 물을 넣고 익
히면 칼로리는 낮추면서 타지 않게 익힐 수 있어요.

1 : 단호박은 깨끗이 씻어 씨를 제거하고 1cm
폭으로 편을 썬다.

2 : 팬에 단호박을 넣고 물을 약간 넣은 뒤 뚜껑
을 덮고 찌듯이 익힌다.

3 : 양념장 재료를 골고루 섞는다.

4 : 단호박이 익으면 물을 빼고, 양념장을 앞뒤
로 골고루 발라 약한 불에서 구운 뒤 취향에
따라 검은깨를 뿌린다.

더덕구이

'밭에 나는 산삼'이라고도 불리는 더덕은 몸에 좋은 약용식물이에요.
손질하고 남은 껍질을 말려서 끓여 먹으면 몸에 좋은 건강차가 돼요.

ingredient : 4인분

더덕 10뿌리, 간장 3큰술, 참기름 2큰술, 통깨 약간

Tip

더덕은 껍질째 깨끗이 씻어 세로로 칼집을 낸 뒤 가로로 당기면 껍질이 잘 벗겨져요.

1 : 더덕은 깨끗이 씻은 뒤 칼집을 내어 껍질을 벗긴다.

2 : 더덕을 반으로 가른 뒤 방망이로 두들겨 편다.

3 : 간장과 참기름을 넣고 골고루 버무려 15분 정도 재운다.

4 : ③을 마른 팬에 구운 뒤 통깨를 뿌린다.

시래기들깨찜

시래기는 된장을 넣어 만드는데 들깻가루를 넣으면 고소한 맛이 더해져요.
저장하기도 간편해 오랫동안 두고 먹을 수 있어요.

ingredient : 4인분

불린 시래기 4줄, 청량고추 1개, 다시마 1개, 된장 1큰술, 들깻가
루 1큰술

 Tip

시래기가 풋내가 날 때에는 쌀뜨물에 담가두었다가 삶아
요. 취향에 따라 고추장이나 고춧가루를 섞어 먹어도 좋
아요.

1 : 불린 시래기는 껍질을 벗겨낸 뒤 6cm 폭으
로 썰고, 청량고추는 굵게 다진다.

2 : 물 2컵에 다시마를 넣고 된장을 골고루 풀어
은근한 불에서 30분간 끓인 뒤 다시마를 꺼
내고 시래기를 넣는다.

3 : 시래기가 부드러워지고 된장 맛이 배면 들깻
가루를 넣고 골고루 섞어 한소끔 더 끓인다.

4 : 마지막으로 ①의 청량고추를 넣어 완성한다.

깻잎찜

여름이 제철인 깻잎은 특유의 맛과 향으로 양념장과 버무려지면 오랫동안 두고 먹을 수 있는
저장 반찬이 돼요. 냉장고에 보관해서 따뜻한 밥에 싸 먹으면 입맛 없는 여름에 딱 좋아요.

ingredient : 4인분

깻잎 40장, 양파 1/2개,

양념장 간장 4큰술, 물 2큰술, 설탕 1큰술, 고춧가루 1큰술, 통깨 1큰술

Tip

깻잎향을 좋아한다면 중불에서 찌다가 양념 냄새가 나면 3분 뒤 불을 꺼주세요. 오래 끓일수록 깻잎의 향이 없어지고 부드러워지니 취향에 따라 조리 시간을 조절하세요.

1 : 깻잎은 깨끗이 씻어 물기를 빼고 양파는 3등분 한 뒤 곱게 채를 썬다.

2 : 양념장 재료를 골고루 섞는다.

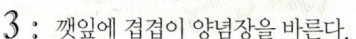
3 : 깻잎에 겹겹이 양념장을 바른다.

4 : 찜기에 종이를 깔고 ③을 넣어 부드러워질 때까지 중불에서 10분 정도 찐다.

가지찜

볶아 먹어도 맛있고, 나물로 무쳐 먹어도 맛있는 가지로 찜을 만들어 보세요.
식감이 부드러워 치아가 불편한 사람도 맛있게 먹을 수 있어요.

ingredient : 4인분

가지 2개, 파 줄기 5cm, 통깨 1작은술

양념장 국간장 1큰술, 다진 파 1큰술, 다진 마늘 1작은술, 설탕
1/2작은술, 고춧가루 1/2작은술

Tip

가지에 미리 양념을 해서 찌면 파와 마늘도 익어 센 맛이
나지 않고, 간도 더 잘 배어요.

1 : 가지는 깨끗이 씻어 4등분한 뒤 6cm 폭으로
    썰고, 파는 줄기 부분을 굵게 다진다.

2 : 가지에 양념장 재료를 넣고 버무려 10분 정
    도 재운다.

3 : ②의 가지를 찜기에 넣고 부드러워질 때까
    지 10분 정도 찐다.

4 : ①의 굵게 다진 파의 줄기 부분과 통깨를 뿌
    린다.

오이소박이

오이소박이는 여름에 가장 시원하게 먹을 수 있는 김치예요. 십자로 칼집을 내는 것보다
속을 판 뒤 잘라서 넣으면 먹을 때 가위나 칼이 따로 필요 없어요.

ingredient : 4인분

오이 5개, 양파 1개, 부추 200g, 소금 4큰술

양념장 고춧가루 6큰술, 조선간장 6큰술, 생강청 2큰술, 다진 마늘 1큰술, 다진 생강 1/2큰술

Tip

오이소박이를 만들 때 속을 파내면 오이씨부터 물러지는
것을 막을 수 있어요.

1 : 오이는 소금으로 문질러 씻은 뒤 반으로 갈
라 씨를 숟가락으로 파내고 5cm 폭으로 썬
다.

2 : 양파는 도톰하게 채를 썰고, 부추는 2cm 폭으
로 썬다.

3 : 물 4컵과 소금을 넣고 끓여 한 김 식힌 뒤,
오이가 부드러워질 때까지 30분 정도 재운
다.

4 : 체에 밭쳐 물기를 빼고, 소금을 재운 물은 1
컵 정도 남겨둔다.

5 : 양념장 재료와 ②를 넣고 골고루 섞어 소를
만든다.

6 : 오이에 ⑤의 소를 골고루 넣은 뒤 차곡차곡
밀폐용기에 담는다. 소를 담은 그릇은 ④의
소금물로 한 번 헹궈 오이소박이 위에 부어
준다.

365일 즐겨 먹는 채소 반찬

상추겉절이

상추로 겉절이를 만들면 김치 대신
먹을 수 있고, 새콤달콤한 맛이 있어
고기와 함께 먹어도 좋아요.

ingredient : 4인분

상추 20장, 양파 1/4개, 들기름 1큰술, 통깨 약간
양념장 간장 2큰술, 식초 2큰술, 설탕 1큰술, 고
춧가루 1작은술, 다진 마늘 1/2작은술

1 : 상추는 깨끗이 씻어 2cm 폭
으로 썰고, 양파는 곱게 채를
썬다.

2 : ①의 상추와 양파를 볼에 담
고 양념장 재료를 넣어 골고
루 섞는다.

3 : 들기름과 통깨를 넣고 가볍게
섞는다.

365일 즐겨 먹는 채소 반찬

얼갈이
배추겉절이

겨울에 담근 김장 김치 맛이 지겨워지
고, 입맛을 확 땅기는 반찬이 없을 때
얼갈이배추 겉절이를 만들어보세요.

ingredient : 4인분

얼갈이배추 4포기

양념장 까나리액젓 2큰술, 고춧가루 1작은술,
식초 1큰술, 설탕 1큰술, 통깨 1큰술, 다
진 마늘 1작은술

1 : 얼갈이는 깨끗이 씻어 밑동은
잘라내고 4cm 폭으로 자른다.

2 : 양념장 재료를 골고루 섞는다.

3 : 얼갈이에 양념장을 골고루 섞
어 버무린다.

깍두기

깍두기는 금방 익기 때문에 더운 날에는 반나절이면 만들 수 있어요.
아삭한 무의 식감을 맛보고 싶을 때 깍두기를 담가 먹어보세요.

ingredient : 4인분

무 1개, 양파 1/4개, 쪽파 4줄, 꽃소금 1/2큰술

양념장 고춧가루 4큰술, 다진 마늘 2큰술, 새우젓 1큰술, 멸치액
젓 1큰술, 다진 생강 1작은술, 설탕 1/2큰술

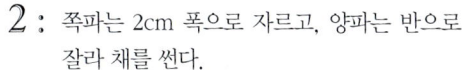

물기가 많은 깍두기가 싫다면 충분히 절인 뒤 물기를 제
거하고 양념을 하세요. 그러면 국물이 적게 나와요.

1 : 무는 깨끗이 씻어 깍둑썰기 한 뒤 꽃소금을
뿌려 30분간 재운다.

2 : 쪽파는 2cm 폭으로 자르고, 양파는 반으로
잘라 채를 썬다.

3 : 양념장 재료를 골고루 섞는다.

4 : 무와 양파에 ③의 양념장을 섞은 뒤 쪽파를
넣고 한 번 더 골고루 버무린다.

양배추물김치

더운 여름에는 물김치로 국수를 만들어 먹으면 한 끼 식사로 딱 좋아요. 열무나 배추로 담는 물
김치는 신맛이 강하지만 양배추로 담그면 아삭하고 달콤한 맛을 즐길 수 있어요.

ingredient : 4인분

양배추 1/4개, 실파 5대, 홍고추 1개, 물 3ℓ, 매실청 4큰술, 소금 3
큰술, 고춧가루 1큰술, 다진 마늘 1큰술, 다진 생강 1/2큰술

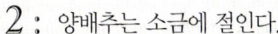 **Tip**

양배추를 소금에 절여서 충분히 짠맛이 나요. 모든 양념
을 골고루 섞은 뒤 나중에 취향에 따라 소금을 약간 더 넣
어주세요.

1 : 양배추는 2×2cm로 썰고 실파는 2cm 폭으
로 홍고추는 얇게 송송 썬다.

2 : 양배추는 소금에 절인다.

3 : 물에 고춧가루, 마늘, 생강을 골고루 섞은
뒤 체에 거른다.

4 : 양배추는 물로 한 번 헹궈 물기를 빼고, ③
과 매실청, 실파, 홍고추를 골고루 섞은 뒤
취향에 따라 소금으로 간을 한다.

DAILY
MENU

입이 즐거운
육류 · 해산물 반찬

달걀말이

달걀말이에 건고추를 넣어서 달걀의 비린 맛을 잡았어요.
취향에 따라 좋아하는 재료를 추가해서 나만의 달걀말이를 만들어보세요.

ingredient : 4인분

달걀 4개, 건고추 1개, 다시마물 1/2컵, 양파 1/4개, 당근 1/8개, 파 1/8대, 부침용 기름 약간

 Tip

매운맛이 싫다면 건고추를 뺀다.

1 : 볼에 달걀을 풀고 다시마물을 넣은 뒤 골고루 섞어 준비한다.

2 : 양파, 당근, 파는 곱게 다지고, 건고추는 잘게 부순다.

3 : ①과 ②를 잘 섞는다.

4 : 달군 팬에 부침용 기름을 두른 후 ③을 넣고 한쪽 면이 익으면 돌돌 말아준 뒤 한 김 식혀 잘라낸다.

달걀두부장조림

달걀두부장조림은 삶은 달걀을 간장에 졸인 저장 반찬이에요. 고소하고 담백한 두부가
자칫 짤 수 있는 장조림의 맛을 잡아주어 밥에 비벼 먹으면 더욱 맛있어요.

ingredient : 4인분

달걀 2개, 건고추 1개, 양파 1/4개, 두부 1/2모, 대파(녹색 부분 10cm) 1대, 다시마물 1컵, 간장 5큰술, 설탕 1큰술

Tip

처음부터 두부를 넣고 졸이면 두부가 너무 단단해지기 때문에 달걀과 양파에 양념이 배인 뒤에 넣는 것이 좋아요.

1 : 달걀은 완숙으로 삶고, 두부는 2×2cm 크기로 깍둑 썬다. 양파는 채를 썰고 대파는 녹색 부분만 어슷 썬다.

2 : 냄비에 간장, 설탕, 건고추, 다시마물을 넣고 끓기 시작하면 달걀과 양파를 넣고 끓인다.

3 : 양파가 부드러워지면 두부를 넣고 졸인다.

4 : 달걀과 두부에 양념이 모두 배면 ①의 파를 고명으로 얹은 뒤 뜸을 들인다.

겨자소스피망햄구이

얇은 햄은 씹히는 맛이 부드러우면서 피망과 잘 어우러지고 어른, 아이도 부담 없이
먹을 수 있어요. 매운맛이 싫다면 연겨자 대신 머스터드소스를 넣어보세요.

ingredient : 4인분

청·홍피망 1개씩, 양파 1/2개, 샌드위치용 햄 8장, 설탕 2작은술,
다진 마늘 1작은술, 연겨자 1작은술, 소금 1/4작은술, 굵은 후춧가
루 약간, 올리브유 약간

Tip

매운 맛을 좋아하면 연겨자를 조금 더 추가해도 좋아요.
굵은 후춧가루를 사용하면 씹는 맛에 풍미를 더해줘요.

1 : 청·홍피망과 양파는 도톰하게 채를 썰고, 햄
도 비슷한 크기로 채를 썬다.

2 : 달군 팬에 올리브유를 두른 뒤 양파와 다진
마늘을 넣고 볶다가 향이 나면 햄을 넣고 볶
는다.

3 : 햄이 부드러워지면 청·홍피망을 넣고 볶
는다.

4 : ③에 연겨자, 설탕, 소금, 물 2큰술을 골고루
넣어 볶은 뒤 후춧가루를 뿌려 마무리한다.

제육볶음

돼지고기에 고추장 양념을 넣어 만든 제육볶음은 쌈을 싸먹기도 좋고,
밥과 비벼먹어도 좋아요. 양배추와 양파를 많이 넣으면 단맛이 올라 더욱 맛있어요.

ingredient : 4인분

돼지고기 앞다리살 400g, 양파 1/4개, 깻잎 4장, 양배추잎 4장, 파 1대, 당근 1/4개, 다진 마늘 1큰술, 통깨 약간

양념장 고춧가루 3큰술, 고추장 2큰술, 국간장 1½큰술, 설탕 1큰술, 후춧가루 약간

Tip

볶은 양배추와 양파에서 단맛이 우러나와 양념장에 설탕을 많이 넣지 않아도 좋아요.

1 : 고기는 먹기 좋은 크기로 썬다. 양파와 양배추, 깻잎은 도톰하게 채를 썰고, 파는 5cm 길이로 썬 뒤 4등분을, 당근은 납작하게 썬다.

2 : 달군 팬에 고기, 양파, 양배추, 파의 흰 부분, 당근, 다진 마늘, 깻잎 물 1컵을 넣고 골고루 볶는다.

3 : 채소와 고기가 반 정도 익으면 양념장 재료를 넣고 골고루 볶는다.

4 : 맛이 배면 나머지 파를 넣고 센불에서 골고루 볶은 뒤 그릇에 담아 통깨를 뿌린다.

유부당면고기볶음

유부에 고기볶음의 육즙이 배어 씹을수록 촉촉하고 단맛이 느껴져요.
탱글탱글한 당면도 함께 넣어 밥과 함께 볶아 먹으면 맛있는 덮밥 요리로 활용할 수 있어요.

ingredient : 4인분

소고기 불고깃감 100g, 당면 50g, 유부 4장, 파 1/2대, 양파 1/4
개, 간장 2큰술, 설탕 1작은술, 다진 마늘 1작은술, 후춧가루 약간,
통깨 약간, 카놀라유 약간

Tip

당면은 불려서 볶으면 좀 더 탱글탱글해요. 볶을 때 당면
이 들러붙으면 물을 조금 넣어주세요.

1 : 당면은 30분 정도 따뜻한 물에 넣어 불린다.
    소고기 불고깃감은 3cm, 파는 5cm 폭으로
    잘라 4등분 하고 양파와 유부는 채를 썬다.

2 : 달군 팬에 카놀라유를 두른 뒤 센불에서 파
    와 양파를 넣고 볶는다.

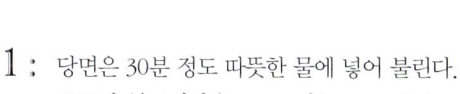

3 : 파와 양파가 노릇해지면 소고기 불고깃감과
    유부를 넣고 볶아준다.

4 : 고기가 익으면 당면과 간장, 설탕, 다진 마늘
    을 넣고 볶은 뒤 후춧가루와 통깨를 뿌린다.

대파돼지고기구이

익을수록 매운맛이 사라지고 단맛이 나는 대파와 씹을수록 감칠맛이 나는 목살은
찰떡궁합이에요. 특별한 손님이 왔을 때 대파돼지고기구이를 만들어 대접해보세요.

ingredient : 4인분

돼지고기 목살 800g, 대파 2대, 다진 마늘 1큰술, 간장 1큰술, 소금 약간, 후춧가루 약간, 올리브유 약간

 Tip

대파는 굽기 전에 반으로 자르면 모양이 흐트러지니 구운 뒤 반으로 잘라주세요.

1 : 돼지고기 목살은 1cm 폭으로 채썰고, 다진 마늘과 간장을 넣어 밑간한다.

2 : 대파는 10cm 길이로 자른 뒤 소금을 약간 뿌려 10분 정도 재운다.

3 : 달군 팬에 올리브유를 두르고 대파의 흰 부분을 넣고 익히다가 반정도 익으면 돼지고기 목살을 넣어 익힌다.

4 : 대파와 돼지고기가 노릇하게 익으면 대파의 녹색 부분을 넣고 익힌 뒤 소금과 후춧가루로 간을 한다.

납작소고기볶음

쫄깃한 납작소고기볶음은 씹힐 때마다 달콤하고 고소한 육즙이 흘러나와요.
동그랗고 납작하게 빚어 참기름을 발라 구워 먹으면 밥 한 그릇을 뚝딱 비워요.

ingredient : 4인분

소고기 불고깃감 200g, 간장 2큰술, 설탕 1작은술, 다진 마늘 1
작은술, 다진 파 1작은술, 참기름 약간, 후춧가루 약간, 통깨 약간

Tip

석쇠에 기름을 바르고 충분히 달군 뒤 약한 불에서 적당
한 거리를 유지하고 구워야 타지 않고 속까지 잘 익어요.

1 : 소고기 불고깃감은 1cm 폭으로 자른다.

2 : ①의 소고기 불고깃감에 간장, 설탕, 다진
마늘, 다진 파, 후춧가루, 통깨를 넣어 골고
루 버무려 양념한다.

3 : ②를 동글 납작하게 빚어 사각형 모양으로
만든다.

4 : 달군 석쇠에 ③의 고기 반죽을 올려 참기름
을 발라가며 노릇하게 구워준다.

입이 즐거운
육류 · 해산물 반찬

치즈동그랑땡

돼지고기를 동글납작하게 빚어 구운 동그랑땡은 누구나 좋아하는
국민반찬이에요. 치즈 동그랑땡은 치즈를 넣어 쫀득한 식감과 고소한 맛을 더했어요.

ingredient : 4인분

모짜렐라 치즈 50g, 달걀 1개, 밀가루 적당량, 콩기름 적당량

고기 반죽 다진 돼지고기 250g, 다진 소고기 150g, 다진 양파 1
큰술, 다진 파 1큰술, 다진 마늘 1작은술, 소금 약간, 후
춧가루 약간,

Tip

너무 많이 치대면 익을 때 많이 수축돼요. 적당히 모양을
잡아 익히면서 팬에 굴려 동그랗게 만들어 보세요.

1 : 다진 돼지고기, 다진 소고기, 다진 양파, 다
진 파, 다진 마늘, 소금, 후춧가루를 넣고 골
고루 섞어 치댄다.

2 : ①을 2큰술씩 떼어내 가운데 모짤렐라 치즈
를 넣고 동글납작하게 빚는다.

3 : 볼에 달걀을 풀고 잘 섞어 달걀물을 만든다.
②에 밀가루와 달걀물을 순서대로 입힌다.

4 : 달군 팬에 콩기름을 두른 뒤 속까지 익도록
중불에서 골고루 부친다.

입이 즐거운 육류 · 해산물 반찬

김나물무침

금방 만들 수 있고, 냄새도 나지 않아
아이들 도시락 반찬으로도 좋아요.
김은 물기를 금방 흡수하므로
양념을 재빨리 골고루 섞어주세요.

ingredient : 4인분

김 20장, 간장 3큰술, 설탕 1/2큰술, 다진 생강
1/3작은술, 통깨 약간

1 : 김은 마른 팬에 구워준다.

2 : 구운 김을 굵게 부순다.

3 : 간장, 설탕, 다진 생강을 골고
루 섞어 한소끔 끓인 뒤 김을
넣고 통깨를 뿌린다.

입이 즐거운 육류 · 해산물 반찬

해초무침

생으로 된 해초를 산 경우 끓는 물에
데쳐서 사용하고, 염장된 것을
샀을 때에는 찬물에 30분 정도 담가
짠맛을 뺀 후에 조리해요.

ingredient : 4인분

해초류 100g, 식초 2큰술, 설탕 1큰술, 소금 1/4
작은술, 통깨 약간

1 : 해초류는 깨끗이 씻어 체에
밭쳐 물기를 제거한다.

2 : 식초, 설탕, 소금을 골고루 섞
어 가루 재료를 모두 녹인다.

3 : 해초류에 ②의 양념을 넣어
재운 뒤 통깨를 뿌린다.

파래무침

바다향이 듬뿍 나는 파래로
새콤달콤한 무침을 만들어서
즐겨보세요.

ingredient : 4인분

파래 200g, 무(2cm) 1토막, 통깨 약간

양념장 간장 3큰술, 식초 3큰술, 설탕 1½큰술,
고춧가루 1/3작은술

1 : 파래는 깨끗이 흔들어 씻은
뒤 체에 밭쳐 물기를 짜고 먹
기 좋은 크기로 썬다.

2 : 무는 가늘게 채를 썬다.

3 : 양념장 재료를 골고루 섞은
뒤 무와 함께 버무려 통깨를
뿌린다.

입이 즐거운 육류 · 해산물 반찬

미역줄기볶음

미역줄기볶음은 꼬들꼬들 씹히는
맛이 좋고 저장하기 간편해서
도시락 반찬으로도 사랑받는 반찬이에요.

ingredient : 4인분

미역줄기 200g, 다진 마늘 1큰술, 참기름 1큰
술, 통깨 약간, 올리브오일 약간

1 : 미역줄기는 찬물에 담가 충분
히 짠맛을 뺀다.

2 : 달군 팬에 올리브오일을 두른
뒤 미역줄기와 다진 마늘을
넣고 볶는다.

3 : 미역줄기가 익으면 참기름을
넣고 한 번 더 볶아 통깨를 뿌
린다.

오징어볶음

재워서 보관해두고 필요할 때마다 볶아 먹어도 좋은 반찬입니다.
취향에 따라 매운맛을 조절하거나, 고추장 대신 간장 양념만 넣어 먹어도 맛있어요.

ingredient : 4인분

오징어 1마리, 대파 1대, 양파 1/2개, 당근 1/4개

양념장 고춧가루 2큰술, 간장 1큰술, 고추장 1큰술, 설탕 1큰술, 통깨 약간

 Tip
오징어는 세로로 자르면 몸통이 동그랗게 말리므로 세로는 짧고, 가로는 길게 잘라야 길쭉한 오징어볶음을 만들 수 있어요.

1 : 오징어는 깨끗이 씻어 손가락 굵기로 썰고, 양파는 채를 썰고, 대파와 당근은 어슷 썬다.

2 : 양념장 재료를 골고루 섞는다.

3 : 달군 팬에 올리브오일을 두르고 양파, 대파의 흰 부분, 당근을 넣고 부드럽게 익힌다.

4 : 채소가 익으면 오징어와 양념장, 대파의 녹색 부분을 넣고 골고루 볶은 뒤 오징어가 익으면 통깨를 뿌린다.

꽈리고추오징어볶음

일반 고추보다 매콤하고 더 부드러운 꽈리고추는 오징어와 함께 볶으면 더욱 맛이 좋아요.
냉동실에 보관해뒀던 오징어로 입맛 없는 날 꽈리고추를 넣어 만들어보세요.

ingredient : 4인분

꽈리고추 20개, 오징어 1/2마리, 간장 2큰술, 참기름 1큰술, 카놀
라유 1큰술, 설탕 1작은술, 후춧가루 약간, 통깨 약간.

 Tip

오징어는 오래 익히면 질겨지므로 나중에 넣고 익혀 불투
명해지기 시작하면 간을 해줘요.

1 : 꽈리고추는 깨끗이 씻어 먹기 좋게 반을 가
른다. 오징어는 내장을 제거하고 몸통은 3등
분 한 뒤 가늘게 채를 썰고, 다리는 먹기 좋
은 크기로 어슷 썬다.

2 : 달군 팬에 카놀라유를 두른 뒤 꽈리고추를
넣고 볶는다.

3 : 꽈리고추가 숨이 죽으면 오징어를 넣고 한
번 더 볶는다.

4 : 오징어가 반 정도 익으면 간장, 설탕, 참기
름을 넣고 골고루 볶은 뒤 후춧가루와 통깨
를 넣는다.

입이 즐거운 육류 · 해산물 반찬

간장어묵볶음

어묵을 잘게 채 썰어서 간장으로
양념한 간장어묵볶음은 마치
쫄깃한 국수를 씹듯이 먹을 수 있는
반찬이에요.

ingredient : 4인분

판어묵 4장, 양파 1/2개, 다시마물 1컵, 간장 2
큰술, 설탕 1큰술, 통깨 약간

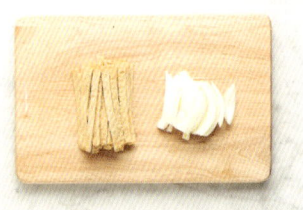

1 : 판어묵과 양파는 0.5cm 폭으
로 채를 썬다.

2 : 냄비에 판어묵, 양파, 간장, 설
탕, 다시마물을 넣고 끓인다.

3 : 끓기 시작하면 불을 줄이고
물이 2큰술 정도 남을 때까지
졸여 한 김 식힌 뒤 통깨를 뿌
린다.

입이 즐거운 육류 · 해산물 반찬

매운어묵볶음

생선살을 으깨어 만든
어묵에 매운맛을 좋아한다면
고추장 양념을 넣어
매콤하게 즐기세요.

ingredient : 4인분

판어묵 4장, 청량고추 1개, 양파 1/2개, 올리브
유 약간, 검은깨 약간

양념장 고춧가루 1작은술, 고추장 1큰술, 물엿 1
큰술

1 : 판어묵은 손가락 굵기로 썰
고, 양파는 채를 썰고, 청량고
추는 굵게 다진다.

2 : 달군 팬에 올리브유를 두른 뒤
양파를 넣고 볶다가 투명해지
면 판어묵을 넣고 볶는다.

3 : 어묵이 부드러워지면 양념장
과 다진 청량고추를 넣고 약
한 불에서 볶은 뒤 한 김 식혀
검은깨를 뿌린다.

입이 즐거운 육류 · 해산물 반찬

고등어
생강조림

생강향이 고등어의 비린 맛을
잡아주고 감칠맛을 더해줘요.
간장 대신 국간장을 활용하면
맛이 더 깔끔해요.

ingredient : 4인분

고등어 조림용 2마리, 생강 2쪽, 베트남고추 10
개, 양파 2개, 대파 1/4대, 쑥갓 약간
양념장 물 3/4컵, 국간장 1/4컵, 정종 1/4컵, 설
탕 1큰술

1 : 양파는 도톰하게 링 모양으로
썰고, 생강은 편을 썰고, 대파
는 어슷 썬다. 베트남고추는
깨끗이 씻어 준비한다.

2 : 냄비에 양파를 깔고, 고등어
와 베트남고추를 올린 뒤 양
념장 재료를 골고루 섞어 부
어준다.

3 : 센불로 끓기 시작하면 중간불
로 15분 정도 끓인 뒤, 다 익으
면 대파를 넣고 뜸을 들인다.

입이 즐거운 육류 · 해산물 반찬

참치전

통조림 참치만 있으면 만들 수 있는
반찬으로 냉장고 속에 남은 채소는
뭐든지 넣어도 좋아요.

ingredient : 4인분

참치 캔 1개, 달걀 2개, 피망 1/2개, 당근 1/4개,
양파 1/4개, 밀가루 2큰술, 소금 약간, 부침용기
름 약간

1 : 당근, 양파, 피망은 모두 깨끗
이 씻은 뒤 쌀알의 2배 크기로
곱게 다진다.

2 : 참치 캔은 기름을 뺀 뒤 볼에
담아 ①의 다진 채소와 달걀,
밀가루, 소금을 넣고 골고루
섞어 반죽을 한다.

3 : 달군 팬에 부침용 기름을 두
른 뒤 동글납작하게 올려 앞
뒤로 노릇하게 부친다.

입이 즐거운 육류 · 해산물 반찬

바삭갈치구이

찹쌀가루를 넣어 갈치구이를 바삭하게
만들면 껍질까지 먹을 수 있어요.

ingredient : 4인분

갈치 1마리, 찹쌀가루 4큰술, 밀가루 4큰술, 올
리브유 약간

1 : 갈치는 구이용으로 손질한 뒤
15cm 폭으로 썬다.

2 : 찹쌀가루와 밀가루를 골고루
섞는다. ①에 물기를 없애고
옷을 골고루 입힌다.

3 : 달군 팬에 올리브유를 두른
뒤 온도가 올라가면 ②를 넣
고 앞뒤로 노릇하게 익힌다.

입이 즐거운 육류 · 해산물 반찬

양념꼬막찜

포동하게 살이 오른
꼬막 살과 새콤달콤한 양념장이
어우러져 따뜻한 밥과 함께 먹으면
그만이지요.

ingredient : 4인분

꼬막 40개

양념장 다진 양파 2큰술, 다진 청 · 홍고추 1큰
　　　술씩, 간장 2큰술, 설탕 1큰술, 통깨 1큰
　　　술, 참기름 1큰술

1 : 꼬막은 뻘이 빠지도록 소금을
　　넣고 반나절 정도 해감한 뒤
　　다시 빨래하듯 찬물에 비벼
　　깨끗이 씻어준다.

2 : 끓는 물에 꼬막을 넣고 살짝
　　데친 뒤 껍질을 깐다.

3 : ②의 꼬막 위에 양념장 재료
　　를 골고루 섞어 조금씩 얹어
　　낸다.

새우계란찜

새우계란찜은 촉촉하면서 탱글탱글한 새우가 씹혀서 더 감칠맛이 있어요.
취향에 따라 새우젓으로 간을 하면 감칠맛이, 소금으로 간하면 개운한 맛이 나요.

ingredient : 4인분

칵테일 새우 20마리, 달걀 4개, 양파 1/4개, 파 1/4대, 다시마물 1/2컵, 새우젓 1큰술, 참기름 1큰술, 통깨 약간

Tip

달걀을 뚝배기에 넣고 중불에서 반숙이 될 때까지 익혀요. 뚝배기에 잔열이 남아 있어 불을 끈 뒤에도 달걀이 익을 수 있어요.

1 : 볼에 달걀을 푼 뒤 다시마물을 넣어 골고루 섞고, 양파와 파는 굵게 다진다.

2 : 뚝배기에 참기름을 두른 뒤 양파와 파를 넣고 볶다가 겉면이 노릇해지면 물을 3컵 정도 넣는다.

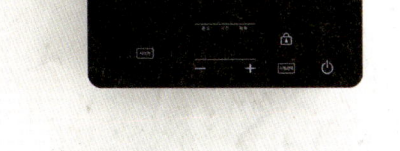

3 : 물이 끓기 시작하면 ①의 달걀을 넣은 뒤 뚜껑을 덮고 중불에서 익힌다.

4 : 달걀이 반 정도 익으면 불을 끄고 칵테일 새우와 새우젓을 넣고 골고루 저어준 뒤 통깨를 뿌리고 뚜껑을 덮어 잔열로 익힌다.

주꾸미간장찜

간장 양념으로 담백한 주꾸미 맛을 즐길 수 있는 찜요리예요. 반찬뿐만 아니라
술안주로도 좋은 메뉴로 주꾸미가 제철인 겨울에 더욱 맛있어요.

ingredient : 4인분

주꾸미 12마리, 양파 1개, 청량고추 1개, 파 1/2대, 간장 3큰술, 참기름 2큰술, 설탕 1큰술

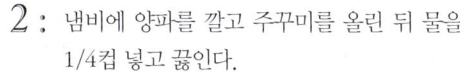

주꾸미는 불투명해지면 다 익은 것이에요. 너무 오래 익히면 단단해지기 때문에 살짝만 익혀주세요.

1 : 주꾸미는 내장을 제거해 깨끗이 손질한다. 양파와 파는 채를 썰고 청량고추는 어슷 썬다.

2 : 냄비에 양파를 깔고 주꾸미를 올린 뒤 물을 1/4컵 넣고 끓인다.

3 : 간장, 설탕, 청량고추, 참기름을 골고루 섞는다.

4 : ②의 냄비에 주꾸미가 반 정도 익으면 위에 파채를 올린 뒤 ③을 넣고 끓인다.

매운코다리찜

코다리는 다른 생선과 달리 냉동실에 오래 보관해두고 먹을 수 있는 편리한 재료예요.
청량고추를 넣어 칼칼하게 찜요리로 만들어보세요.

ingredient : 4인분

코다리 1마리, 청량고추 2개, 양파 1개,통깨 약간

양념장 고춧가루 2큰술, 간장 2큰술, 참기름 2큰술, 고추장 1큰술, 설탕 1큰술, 다진 마늘 1큰술, 다진 파 1큰술, 다진 양파 1큰술

Tip

조금 더 양념맛이 밴 코다리찜을 먹고 싶다면 양념을 해서 냉동실에 보관했다가 쩌 먹어요.

1 : 코다리는 한입 크기로 썰고, 양파는 채를 썬다. 청량고추는 어슷 썬다.

2 : 양념장 재료를 골고루 섞어준다.

3 : 볼에 코다리, 양파, 청량고추를 넣어 ②의 양념장과 함께 골고루 버무려 30분 정도 재운다.

4 : 찜기에 ③을 넣고 찜통에서 김이 오르면 20분 정도 푹 찐 뒤 통깨를 뿌린다.

동태전

동태전은 제사나 명절에 부쳐 먹던 고급 음식으로 영양도 풍부하고 맛도 담백해요.
달걀을 입혀 생선을 싫어하는 아이들도 쉽게 먹을 수 있어 영양 간식으로 좋아요.

ingredient : 4인분

동태포 500g, 달걀 2개, 홍고추 2개, 부침가루 1컵, 카놀라유 적
당량, 후춧가루 약간, 쑥갓잎 약간

Tip

동태를 손질할 때 손으로 눌러 가시가 있는지 확인해주
세요.

1 : 동태포는 키친타월에 올려 물기를 제거한
뒤 후춧가루를 약간 뿌린다.

2 : 홍고추는 얇게 송송 썰고, 쑥갓잎은 모양을
살려 준비한다.

3 : 볼에 달걀을 풀어 ①의 동태포에 부침가루
를 앞뒤로 골고루 얇게 묻힌 뒤 달걀옷을
입힌다.

4 : 달군 팬에 카놀라유를 두르고 ③을 넣어 부
친 뒤 쑥갓과 홍고추를 올려 모양을 내 앞뒤
로 노릇하게 부친다.

오이지무침

오이지를 얇게 원형으로 썰어 물에 담가 짠맛을 뺀 뒤 설탕으로 무친 오이지무침이에요.
입맛 없는 여름에도 밥공기를 뚝딱 비우게 하는 1등 반찬을 만들어보세요.

ingredient : 4인분

오이지 1개, 통깨 1큰술, 참기름 1작은술, 설탕 1/4작은술

Tip

양념한 오이지에 다시마육수를 부어 냉국처럼 즐겨도 좋아요.

1 : 오이지는 송송 썰어 찬물에 30분 정도 담가 짠맛을 뺀다.

2 : ①의 오이지는 체에 밭쳐 물기를 충분히 뺀다.

3 : 볼에 설탕과 오이지를 넣고 골고루 주물러 맛이 배도록 버무린다.

4 : ③에 통깨와 참기름을 뿌린다.

무말랭이무침

무말랭이를 햇빛에 잘 말렸다가 물에 불려 양념을 하면 오독오독 씹히는 맛이 좋은
무말랭이무침이 완성돼요. 대표적인 저장 반찬으로 짭짤한 맛이 입맛을 살려줘요.

ingredient : 4인분

무말랭이 180g, 마른 오징어 1개, 통깨 약간

양념장 고추장 6큰술, 물엿 3큰술, 까나리액젓 3큰술, 다진 마늘
    1큰술

Tip

불린 무말랭이의 물을 꽉 짜내야 꼬들하고, 오랫동안 두
고 먹을 수 있는 무말랭이무침이 완성돼요.

1 : 무말랭이를 손으로 주물러가면서 맑은 물이
    나오도록 씻은 뒤, 볼에 담고 따뜻한 물을
    자작하게 부어 30분 정도 불리고 물기를 꽉
    짜준다.

2 : 마른 오징어는 무말랭이 크기로 맞춰 자른다.

3 : 양념장 재료를 골고루 섞는다.

4 : ①, ②, ③을 골고루 버무리고 통깨를 뿌려
    완성한다.

촉촉진미채무침

마음까지
든든해지는
밑반찬

진미채를 볶으면 바삭하게 씹히는 맛은 좋지만, 시간이 지날수록 딱딱해져요.
반면 촉촉한 진미채무침은 부드러운 식감으로 씹는 힘이 약한 아이들도 맛있게 먹을 수 있어요.

ingredient : 4인분

진미채 100g, 통깨 약간

양념장 고추장 3큰술, 간장 1큰술, 올리고당 4큰술, 다진 마늘 1/2작은술

 Tip

진미채를 물에 오래 담가두면 비린 맛이 날 수 있어요. 이 때는 우유에 살짝 담갔다가 꺼내 양념장에 버무려주면 좋아요. 씻을 때의 물만으로도 촉촉해지니 반드시 물기는 체에 밭쳐 제거해주세요.

1 : 진미채를 먹기 좋은 크기로 잘라 준비한다.

2 : ①의 진미채를 가볍게 한 번 씻은 뒤 체에 밭쳐 준비한다.

3 : 양념장 재료를 골고루 섞는다.

4 : ②의 진미채에 양념장을 넣고 골고루 섞은 뒤 통깨를 뿌린다.

뱅어포무침

뱅어포는 잔 멸치나 새우보다 칼슘 함량이 많아 골다공증 예방에 좋은 식품이에요.
색이 하얗고 군내가 나지 않는 것을 골라 바삭하고 달짝지근한 뱅어포무침을 만들어보세요.

ingredient : 4인분

뱅어포 4장, 간장 2큰술, 설탕 2큰술, 올리고당 2큰술, 통깨 약간

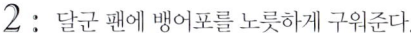
Tip

양념장이 끓어오르면 불을 줄이고 뱅어포를 넣어야 타지 않게 볶을 수 있어요.

1 : 뱅어포를 먹기 좋은 크기로 자른다.

2 : 달군 팬에 뱅어포를 노릇하게 구워준다.

3 : 팬에 간장, 설탕, 올리고당을 넣고 바글바글 끓인다.

4 : 끓기 시작하면 ②의 뱅어포를 넣고 골고루 버무린 뒤 통깨를 뿌린다.

김볶음

방금 구운 김은 그냥 먹어도 맛있지만 설탕을 넣어 약간 달달하게 만들면
밥반찬은 물론 아이들 간식으로도 손색이 없어요.

ingredient : 4인분

김 20장, 설탕 1큰술, 통깨 1큰술, 소금 1/4작은술

Tip

설탕과 소금을 넣고 버무릴 때는 한 김 식힌 뒤 봉지에 넣고 흔들어주면 간편해요.

1 : 김을 3×3cm 크기로 자른다.

2 : 달군 팬에 자른 김을 볶는다.

3 : ②의 김에 설탕과 소금을 넣고 골고루 버무린다.

4 : ③의 김에 통깨를 뿌린다.

황태포무침

황태는 맛도 좋고 고단백 저지방 식품이라 성장기 아이들이나 노인에게 좋아요.
더운 여름 오래 두고 먹어도 상할 염려 없는 황태포무침으로 건강도 챙겨보세요.

ingredient : 4인분

황태포 100g, 청주 1큰술, 통깨 약간

양념장 고추장 4큰술, 고춧가루 2큰술, 설탕 2큰술, 올리고당 2
큰술, 간장 1큰술

Tip

황태포에 가시가 있을 수 있으니 손으로 만지면서 따갑거
나 뾰족한 부분을 제거해주세요.

1 : 황태포는 깨끗이 씻어 물기를 뺀 뒤 청주를
넣고 골고루 버무린다.

2 : 양념장 재료를 골고루 섞는다.

3 : ①의 황태포와 ②의 양념장을 골고루 섞
는다.

4 : 양념장에 버무린 황태포 위에 통깨를 뿌린다.

마음까지 든든해지는 밑반찬

건새우멸치볶음

대표 밑반찬인 건새우와 멸치는
같이 볶아 먹기 좋아요.
청량고추를 넣어 볶으면 매콤하고
칼칼한 맛까지 즐길 수 있어요.

ingredient : 4인분

건새우 2컵, 멸치 1컵, 청량고추 1개, 올리브유
2큰술, 올리고당 2큰술, 설탕 1큰술, 통깨 약간

1 : 건새우와 멸치는 가볍게 씻어
체에 밭쳐 물기를 제거하고 청
량고추는 어슷썰어 준비한다.

2 : 달군 팬에 올리브유를 두른 뒤
청량고추를 넣고 향이 나면 건
새우, 멸치를 넣고 볶는다.

3 : 바삭하게 볶아지면 설탕과 올
리고당을 넣고 골고루 볶은
뒤 통깨를 뿌린다.

마음까지 든든해지는 밑반찬

고추장아찌

청량고추를 넣어 만든 장아찌는
매콤한 맛이 식욕을 돋워줘요.
국물은 전을 찍어 먹어도 좋아요.

ingredient : 4인분

풋고추 10개, 청량고추 10개
양념장 물 1컵, 간장 1/2컵, 설탕 1/2컵, 식초
1/2컵

1 : 풋고추와 청량고추는 깨끗이
씻어 꼭지를 따서 송송 썬다.

2 : 냄비에 양념장 재료를 넣고
팔팔 끓인다.

3 : 밀폐용기에 ①과 ②를 담는
다. 장아찌는 실온에서 1일 정
도도 보관한 뒤 냉장고에서 1
주일 이상 숙성시킨다.

마음까지 든든해지는 밑반찬

케일장아찌

케일은 생으로 먹으면 질기고
쓴맛이 강하지만 장아찌로 만들면
쌉쌀한 맛이 부드러워져 먹기 편해요.

ingredient : 4인분

케일잎 40장

양념장 물 1/2컵, 간장 1/4컵, 설탕 1큰술, 식초 1
큰술

1 : 케일잎은 어린잎으로 준비해
깨끗이 씻어 너무 굵은 줄기
는 제거한다.

2 : 냄비에 분량의 양념장 재료를
넣고 팔팔 끓인다.

3 : 밀폐용기에 ①과 ②을 담는
다. 케일 잎이 두꺼울 경우에
는 조금 더 숙성시킨다.

마음까지 든든해지는 밑반찬

다시마조림

육수를 내고 남은 다시마를 활용해서
조림을 만들어보세요. 얇게 채를 썰어
국수에 올려 먹어도 좋아요.

ingredient : 4인분

다시마(5×5cm) 8장
양념장 물 1컵, 간장 1/4컵, 설탕 2큰술

1 : 다시마는 1cm 폭으로 자른다.

2 : 냄비에 다시마와 양념장 재료
를 넣고 팔팔 끓인다.

3 : 양념장이 끓기 시작하면 약한
불에서 줄이고 20분 정도 졸
인다.

마늘종콩자반

반찬 만들기 귀찮은 날 단시간에 뚝딱 완성되는 마늘종콩자반을 만들어보세요.
콩자반의 달콤한 맛과 마늘종의 매콤한 맛에 질리지 않고 오래 먹을 수 있어요.

ingredient : 4인분

마늘종 4대, 건고추 1개, 다시마물 4컵, 검은콩 1컵, 간장 1/2컵,
설탕 1/3컵, 통깨 약간

 Tip

마늘종이 부드럽게 익도록 약한 불에서 천천히 익혀주
세요.

1 : 검은콩은 깨끗이 씻어 불리고 마늘종은 2cm
    폭으로 자른다.

2 : 불린 검은콩과 건고추를 다시마물에 넣고
    푹 삶는다.

3 : 검은콩이 부드러워지면 간장, 설탕을 넣고
    자작하게 졸인다.

4 : 물이 반 정도 졸아들었을 때 마늘종을 넣고
    다시 물기가 거의 없도록 졸인 뒤 통깨를 뿌
    린다.

고추장감자조림

감자가 많이 나는 여름철, 입맛이 없다면 얼큰하고 칼칼한 맛의 고추장감자조림을
만들어보세요. 따뜻한 밥에 비벼 먹으면 밥 한 그릇이 뚝딱 사라져요.

감자 4개, 다시마물 2컵, 고추장 2큰술, 설탕 2큰술, 고춧가루 1
작은술, 간장 1작은술, 검은깨 약간(취향에 따라)

감자가 부서지지 않도록 많이 뒤적거리지 말고 익혀주
세요.

1 : 감자는 깨끗이 씻어 껍질을 벗기고 3×3cm
크기로 깍둑 썬다.

2 : 냄비에 감자와 다시마물을 넣고 삶는다.

3 : 감자가 반 정도 익으면 고추장, 설탕고춧가
루, 간장을 넣고 약한 불에서 은근하게 졸
인다.

4 : 감자가 모두 익고 양념장이 4큰술 정도 남으
면 불을 끄고 취향에 따라 검은깨를 뿌린다.

말린오징어무장조림

짭조름하게 간장에 졸인 오징어는 씹을수록 고소한 맛이 나요. 무까지 같이 졸이면
시원한 국물 맛이 일품이에요. 식어도 맛이 있어서 도시락 반찬으로도 좋아요.

ingredient : 4인분

말린 오징어 2마리, 무 1/3개, 다시마물 4컵, 간장 6큰술, 설탕 2
큰술

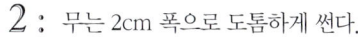
Tip

매운맛이 좋다면 청량고추나 꽈리고추를 넣어도 좋아요.

1 : 말린 오징어는 가위로 반으로 자른 뒤 다시
1cm 폭으로 자른다.

2 : 무는 2cm 폭으로 도톰하게 썬다.

3 : 넓은 냄비에 무와 말린 오징어를 넣은 뒤 다
시마물을 넣고 끓인다.

4 : 무가 반 정도 부드러워지면 간장, 설탕을 넣
고 푹 익도록 중간 불에서 끓인다.

말린표고버섯장조림

표고버섯은 섬유질이 많아 장 건강과 혈액순환에 도움이 돼요. 일교차가 큰 이른 봄에
표고버섯을 따서 말려 장조림을 담그면 쫄깃한 육질을 맛볼 수 있어요.

ingredient : 4인분

말린 표고버섯 12개, 다시마(5×5cm) 1장, 간장 4큰술, 설탕 2큰술, 생강 약간

Tip

완성된 장조림은 잘게 다져서 주먹밥에 넣어도 좋아요.

1 : 말린 표고버섯은 따뜻한 물에 30분 정도 불린다.

2 : 불린 표고버섯의 밑동은 제거하고 버섯갓은 도톰하게 썬다.

3 : 냄비에 ②의 표고버섯, 다시마, 생강, 물 2컵을 넣고 끓인다.

4 : 물이 끓기 시작하면 간장, 설탕을 넣고 약한 불에서 맛이 배게 15분 정도 졸인다.

마음까지 든든해지는 밑반찬

쥐포조림

쥐포가 익어서 부드럽고
감칠맛이 도는 쥐포조림은 익을수록
부드러워져 아이들 반찬으로
더욱 좋아요.

ingredient : 4인분

쥐포 20장, 대파 1대, 다시마물 4컵, 설탕 4큰
술, 간장 2큰술

1 : 쥐포는 깨끗이 씻어 한입 크
기로 자르고, 대파는 5cm 길
이로 자른다.

2 : 냄비에 ①의 쥐포와 다시마물
을 넣고 끓인다.

3 : ②의 쥐포가 부드러워지면
파, 간장과 설탕을 넣고 맛이
배게 졸인다.

마음까지 든든해지는 밑반찬

메추리알
장조림

메추리알로 만든 장조림은
한입에 쏙 들어가서 먹기 편하고
조림장이 깨끗해서 비벼 먹기 좋아요.

ingredient : 4인분

메추리알 30개, 생강 1쪽, 다시마물 4컵, 간장
1/2컵, 설탕 4큰술

1 : 메추리알은 완숙으로 삶은 뒤
껍질을 벗긴다.

2 : 냄비에 다시마물을 넣고 껍질
을 깐 메추리알, 간장, 설탕,
생강을 넣고 끓인다.

3 : 물이 끓기 시작하면 불을 줄
이고 맛이 배게 졸인다.

닭가슴살우엉장조림

섬유질이 풍부한 우엉과 다이어트에 좋은 닭가슴살로 만든
장조림은 기름기가 없어서 담백해요.

ingredient : 4인분

닭가슴살 800g, 다시마(5×5cm) 1장, 우엉 1대, 건고추 1개, 마늘 4쪽, 파 1/2대, 간장 1/2컵, 설탕 4큰술

Tip

우엉은 물에 담가 조리하는 것보다는 썰고 바로 조리해야 우엉의 향이 살아나요.

1 : 우엉은 껍질을 벗기고 흐르는 물에 씻어 2cm 폭으로 어슷하게 썬다.

2 : 냄비에 물 6컵과 닭가슴살, 우엉, 건고추, 다시마, 마늘, 파를 넣고 끓인다.

3 : 우엉이 부드러워지면 닭가슴살을 꺼내 먹기 좋은 크기로 자르고 육수는 거른다.

4 : 거른 육수에 닭가슴살, 우엉, 간장, 설탕을 넣고 졸인다.

한우장조림

무더운 여름, 고기를 불에 굽는 게 부담스럽다면 미리 한우장조림을 만들어 저장해두고
먹어보세요. 한우의 국물에 밥을 비벼 쫄깃한 살코기와 함께 먹으면 든든한 한 끼 식사가 돼요.

ingredient : 4인분

소고기 양지머리 살 500g, 마늘 4쪽, 파 1/2대, 건고추 1개, 다시마(5×5cm) 2쪽, 간장 6큰술, 설탕 3큰술

Tip

고기가 국물에 푹 잠기게 해야 오래 보관할 수 있어요. 달걀을 함께 넣어도 좋아요.

1 : 소고기 양지머리 살은 찬물에 담가 2시간 동안 핏물을 뺀다.

2 : 압력솥에 양지머리 살과 다시마, 마늘, 파, 건고추, 물 6컵을 넣은 뒤 추가 울리면 20분 정도 찐다.

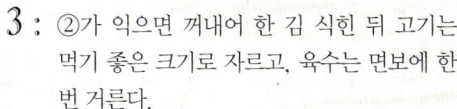

3 : ②가 익으면 꺼내어 한 김 식힌 뒤 고기는 먹기 좋은 크기로 자르고, 육수는 면보에 한 번 거른다.

4 : ③의 고기와 육수에 간장과 설탕을 넣고 맛이 배도록 30분 정도 졸인다.

PART : 요즘 입맛 사로잡는

2 요즘반찬

TRENDY MENU

새로운 맛, 잇 푸드
가벼운 한 끼 식사, 샐러드 반찬
아삭하고 새콤한 피클

새로운 식재료와 각광받는 조리법으로 만들어 기존의 반찬을 새롭게 즐길 수 있는 메뉴들이 가득해요. 더불어 가벼운 식사대용으로 손색이 없는 샐러드와 입맛 돋우는 새콤한 피클은 식탁을 더욱 상큼하게 해줍니다.

가쓰오부시가지나물

가쓰오부시는 등 푸른 생선인 가다랑어를 말려 가공한 것으로 일본 요리에 자주 쓰이는 식재료예요.
가지나물에 감칠맛이 뛰어난 가쓰오부시를 뿌려 색다르게 즐겨보세요.

가쓰오부시 1컵, 가지 2개, 실파 2대, 간장 2큰술, 설탕 1큰술, 참기름 1큰술, 카놀라유 약간, 통깨 약간

 Tip

가지는 기름을 잘 흡수하는 성질을 가지고 있어서 볶을 때 물을 약간 뿌려서 볶아주면 부드럽게 익힐 수 있어요.

1 : 가지는 깨끗이 씻어 4등분 한 뒤 6cm 길이로 썰고, 실파는 송송 썬다.

2 : 달군 팬에 참기름과 카놀라유를 두른 뒤 가지를 넣고 볶는다.

3 : 가지가 부드러워지면 간장, 설탕을 넣고 볶는다.

4 : ③에 실파를 넣고 골고루 버무린 뒤 가쓰오부시와 통깨를 뿌린다.

견과류청경채나물

청경채는 중국 배추의 일종으로 즙이 많고 열량이 낮아 다이어트에 효과적인 채소예요.
오도독 씹히는 견과류와 함께 고추기름에 끓여 무치면 이국적인 나물 요리가 완성돼요.

ingredient : 4인분

청경채 8개, 호두 1큰술, 캐슈넛 1큰술
양념장 고추기름 2큰술, 간장 2큰술, 설탕 1작은술, 후춧가루 약간

청경채는 두꺼운 줄기부터 넣어 반 정도 익힌 뒤 이파리를 넣으면 골고루 익힐 수 있어요.

1 : 청경채는 4등분 한 뒤 깨끗이 씻고, 호두와 캐슈넛은 굵게 다진다.

2 : 청경채는 끓는 물에 넣어 데친 뒤 물기를 꽉 짠다.

3 : 팬에 양념장 재료를 넣고 한소끔 끓인다.

4 : ③의 양념장에 ②를 넣고 버무린 뒤, 다진 호두와 캐슈넛을 뿌린다.

새로운 맛, 잇 푸드

베이컨
애호박나물

짭짤한 베이컨에
달콤한 호박을 볶아
후추만 넣으면 금방 완성되는
간편한 반찬이에요.

ingredient : 4인분

베이컨 4줄, 애호박 1/2개, 후춧가루 약간

1 : 베이컨은 3cm 폭으로 썰고, 애호박은 동그랗게 0.5cm 폭으로 썬다.

2 : 달군 팬에 베이컨과 애호박을 넣고 볶는다.

3 : 골고루 익으면 후춧가루를 뿌린다.

새로운 맛, 잇 푸드

토마토와
피망무침

가볍게 먹을 수 있는 무침으로
신선한 반찬이 필요할 때 만들어
먹으면 좋아요. 빵 위에 올려 먹어도
맛있어요.

ingredient : 4인분

방울토마토 10개, 청·홍피망 1/2개씩, 양파 1/4
개, 식초 4큰술, 설탕 2큰술, 소금 1/4작은술, 굵
은 후춧가루 약간

1 : 토마토는 4등분 하고, 청·홍피   2 : 식초, 설탕, 소금을 골고루 섞   3 : ②와 ①을 골고루 섞은 뒤 굵
    망, 양파도 같은 크기로 썬다.   는다.   은 후춧가루를 뿌린다.

새로운 맛, 잇 푸드

실곤약치아시드 고추장무침

실곤약과 치아시드는 칼로리가 낮고
포만감은 높은 식재료예요.
고추장에 무쳐 맛있게 먹으면서
다이어트하세요.

ingredient : 4인분

실곤약 200g

양념장 치아시드 2큰술, 고추장 2큰술, 식초 2
큰술, 설탕 1큰술

1 : 실곤약은 끓는 식초물에 한
번 데친 뒤 물기를 뺀다.

2 : ①의 실곤약을 먹기 좋은 크
기로 썬다.

3 : ②의 실곤약과 양념장 재료를
골고루 섞는다.

새로운 맛, 잇 푸드

홀그레인
머스터드감자볶음

홀그레인머스터드를 넣어
감자볶음을 만들면 새콤하고
톡톡 씹히는 맛을 즐길 수 있어요.

ingredient : 4인분

감자 4개, 홀그레인머스터드 4큰술, 설탕 1작은
술, 올리브유 적당량, 소금 약간, 후춧가루 약간

1 : 감자는 깨끗이 씻어 껍질을
제거하고 1×1cm 폭으로 채
썬다.

2 : ①의 감자를 물에 담가 소금
을 넣어 30분 정도 재워 감자
의 전분을 제거하고 물기를
꼭 짠다.

3 : 달군 팬에 올리브유를 두른
뒤 ②의 감자를 넣고 볶다가
부드러워지면 홀그레인머스
터드와 설탕을 넣어 골고루
섞고 후춧가루를 뿌린다.

새로운 맛, 잇 푸드

케일마늘무침

두부의 고소한 맛과 케일의 쌉쌀한 맛
그리고 마늘의 알싸한 맛이 잘
어우러지는 무침으로 누구나
쉽게 만들 수 있어요.

ingredient : 4인분

케일잎 20장, 두부 1/4모, 통깨 1작은술

양념장 식초 4큰술, 다진 마늘 2큰술, 설탕 1/2
작은술, 소금 1/3작은술, 후춧가루 약간

1 : 케일은 깨끗이 씻어 1cm 폭
으로 썬다.

2 : 두부는 물기를 빼고 곱게 으
깬다.

3 : ②의 두부와 케일 그리고 양
념장을 골고루 섞고 통깨를
뿌린다.

새로운 맛, 잇 푸드

리코타치즈
브로콜리볶음

브로콜리에는 비타민 C가 레몬의
2배나 함유되어 있어 감기 예방과
피부 건강에 효과적인 웰빙 식품이에요.
리코타 치즈를 함께 곁들이면
간단한 한 끼 식사로도 좋아요.

ingredient : 4인분

브로콜리 1/2송이, 올리브유 적당량, 리코타 치
즈 100g, 식초 1큰술, 설탕 1작은술, 소금 약간,
후춧가루 약간

1 : 브로콜리는 한입 크기로 납작
하게 썬다.

2 : 올리브유를 두른 팬에 ①의
브로콜리를 볶고, 브로콜리가
부드러워지면 식초, 설탕, 소
금, 후춧가루로 간한다.

3 : ②를 볼에 담은 뒤 리코타 치
즈를 넣고 가볍게 섞는다.

알감자베이컨볶음

씹을수록 담백한 알감자를 노릇하게 볶아 베이컨과 함께 곁들이면 자꾸만 손이 가는
반찬이 완성돼요. 아이들 영양 간식으로도 좋은 알감자베이컨볶음을 만들어보세요.

ingredient : 4인분

알감자 20개, 베이컨 8줄, 대파 1/2대, 올리브유 약간, 굵은 후춧
가루 약간

Tip

감자를 한 번 데친 뒤 볶으면 익히기도 쉽고 겉면을 바삭
하고 노릇하게 볶을 수 있어요. 베이컨에 짠맛이 있어 별
도로 소금간은 하지 않아요.

1 : 알감자는 깨끗이 씻어 4등분 하고, 베이컨은
3cm 폭으로, 대파는 어슷 썬다.

2 : 끓는 물에 ①의 알감자를 넣고 반 정도 익게
삶는다.

3 : 달군 팬에 올리브유를 두른 뒤 ②의 감자를
넣고 겉면이 노릇하게 볶는다.

4 : 겉면이 노릇해지면 베이컨과 대파를 넣고
속까지 익도록 볶은 뒤 굵은 후춧가루를 뿌
린다.

그린빈스토마토마늘볶음

그린빈스는 맛이 달콤하고 비타민 A가 풍부해 눈, 간에 좋은 식재료예요. 피부 미용에
좋은 토마토와 면역력을 높여주는 마늘과 함께 볶으면 영양 만점 반찬이 완성돼요.

ingredient : 4인분

그린빈스 20줄기, 방울토마토 12개, 마늘 4쪽, 올리브유 4큰술,
간장 1큰술, 설탕 1작은술, 소금 약간, 굵은 후춧가루 약간

 Tip

토마토는 겉면만 살짝 익혀 볶아주세요.

1 : 그린빈스는 깨끗이 씻어 어슷 썰고, 마늘은
편을 썰고 방울토마토는 꼭지를 제거한다.

2 : 올리브유를 두른 팬에 마늘을 넣고 볶아 향
을 낸다.

3 : 마늘 향이 나면 그린빈스를 넣고 볶는다.

4 : 그린빈스가 부드러워지면 방울토마토를 넣
고 간장, 설탕, 소금, 굵은 후춧가루를 뿌려
간을 한다.

봄나물 스프링롤

봄은 몸에 좋은 영양소가 풍부한 나물이 많이 나는 계절이에요. 나른하고 입맛이 없는 날
봄나물로 스프링롤을 만들어보세요. 씹을 때마다 입안 가득 향긋한 맛이 퍼져요.

ingredient : 4인분

봄나물(달래, 세발나물 등) 100g, 돼지고기 앞다리살 100g, 라이스 페이퍼 12장, 간장 1큰술, 다진 마늘 1작은술

양념장 식초 2큰술, 된장 1큰술, 설탕 1작은술, 통깨 약간

Tip

취향에 따라 돼지고기 대신 닭고기, 새우 등을 넣어주세요.

1 : 봄나물은 깨끗이 씻어 준비한다.

2 : 돼지고기는 한입 크기로 썰어 팬에 볶다가 반 정도 익으면 간장과 다진 마늘을 넣고 볶는다.

3 : 양념장 재료를 섞는다.

4 : 라이스 페이퍼를 뜨거운 물에 불린 뒤 ②의 고기와 ①의 봄나물을 넣어 돌돌 말아 ③의 양념장을 곁들인다.

새로운 맛, 잇 푸드

아스파라거스 버터찜

고소한 잣소스는 아삭하고 싱그러운
아스파라거스와 잘 어울려요.
밥 대신 먹어도 좋고 파스타 위에
얹어 먹어도 좋아요.

ingredient : 4인분

아스파라거스(10cm) 12대, 버터 2큰술

양념장 다진 잣 2큰술, 식초 1큰술, 파마산 치즈
가루 1큰술, 설탕 1작은술

1 : 아스파라거스는 반씩 어슷 썬다.

2 : 팬에 물을 자작하게 붓고 끓
기 시작하면 아스파라거스와
버터를 넣어 데친다.

3 : 양념장 재료를 골고루 섞어
아스파라거스에 뿌린다.

새로운 맛, 잇 푸드

병아리콩자반

고소한 맛이 일품인 병아리콩으로
콩자반을 만들어보세요.
서양 재료이지만 간장과 잘 어울려요.

ingredient : 4인분

다시마물 4컵, 병아리콩 1컵, 간장 1/2컵, 설탕
1/4컵

1 : 병아리콩은 깨끗이 씻어 물에
    불린다.

2 : 불린 병아리콩과 다시마물을
    냄비에 넣고 푹 삶는다.

3 : 병아리콩이 부드럽게 익으면
    간장, 설탕을 넣고 국물이 4큰
    술 정도 남을 때까지 졸인다.

새로운 맛, 잇 푸드

리코타치즈
무화과조림

부드러운 맛과 달콤한 맛으로
빵 위에 얹어 먹어도 좋고,
카나페를 만들어 먹어도
좋은 반찬이에요.

ingredient : 4인분

건무화과 1컵, 설탕 1/4컵, 리코타치즈 200g,
올리브유 2큰술, 케이얀 페퍼 약간

1 : 건무화과는 반으로 자른 뒤,
설탕과 물 1컵과 함께 냄비에
넣고 끓인다.

2 : 건무화과가 쨈처럼 부드러워
지면 불을 끈 뒤 믹서기에 갈
아준다.

3 : 리코타 치즈 위에 올리브유를
뿌린 뒤 ②의 건무화과를 올
리고 케이얀 페퍼를 뿌린다.

새로운 맛, 잇 푸드

견과류 볶음

마른 팬에 견과류를 노릇하게 볶아
조리면 고소한 맛이 한층 강해져요.
집에 있는 견과류를 이용해
만들어보세요.

ingredient : 4인분

호두 1/2컵, 아몬드 1/2컵, 피스타치오 1/2컵, 잣
1/4컵, 간장 4큰술, 설탕 2큰술, 올리고당 2큰술

1 : 팬에 호두, 아몬드, 피스타치오,
잣을 넣어 노릇하게 볶는다.

2 : 간장, 설탕, 올리고당을 팬에
넣고 끓인다.

3 : 끓기 시작하면 약한 불로 줄
이고 ①의 견과류를 넣은 뒤
골고루 볶는다.

파프리카올리브오일구이

파프리카의 껍질을 제거하여 부드러운 맛이 일품인 구이 요리예요. 고기 옆에 사이드로, 파스타나 샐러드 위에 가니쉬로, 밥 위에 올려 덮밥으로 다양하게 즐길 수 있어요.

ingredient : 4인분

빨강·노랑 파프리카 2개씩, 바질잎 8장, 올리브유 4큰술, 식초 1
큰술, 굵은 후춧가루 약간, 소금 약간

Tip

탄 껍질을 벗길 때 물에 담가서 벗기면 단맛이 다 빠져나
가버려요. 탄 부분을 최대한 벗기고 가볍게 씻어주세요.

1 : 파프리카는 석쇠에 올려 토치로 겉면을 까
맣게 구워준다.

2 : 구운 파프리카를 투명 비닐 봉투에 넣어 10
분 정도 둔다.

3 : 비닐 봉투에 물방울이 맺히면 파프리카를 꺼
내 겉면에 탄 부분을 벗긴 뒤 흐르는 물에 가
볍게 씻는다.

4 : 파프리카는 한입 크기로 썰고, 바질잎은 채
를 썰어 올리브유, 식초, 굵은 후춧가루, 소
금과 함께 골고루 버무린다.

귀리발사믹소스양파구이

양파는 불에 오래 구우면 매운맛이 사라지고 단맛이 올라와서 맛있게 먹을 수 있어요.
몸에 좋은 귀리와 상큼한 발사믹 소스를 곁들인 양파구이를 집에서 만들어보세요.

ingredient : 4인분

귀리 4큰술, 양파 2개, 실파 1대, 발사믹 식초 1/2컵, 설탕 2큰술,
굵은 후춧가루 약간

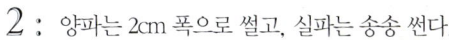

귀리나 현미는 볶는 과정이 중요해요. 팝콘처럼 알이 터
지기 직전까지 볶아야 바삭하고 부드럽게 씹혀요.

1 : 귀리는 깨끗이 씻어 불린 뒤 마른 팬에 바싹
볶는다.

2 : 양파는 2cm 폭으로 썰고, 실파는 송송 썬다.

3 : 달군 팬에 양파를 올린 뒤 약한 불에서 뒤집
어가며 부드럽게 익힌다.

4 : 발사믹 식초와 설탕을 졸여, ③의 양파 위에
뿌린다. 볶은 귀리와 송송 썬 실파도 함께
곁들인 뒤 굵은 후춧가루를 뿌린다.

병아리콩부침개

비가 내리는 날에는 기름에 바삭하게 부친 부침개가 생각나요. 그럴 때는 병아리콩으로
부침개를 만들어보세요. 삶은 밤과 비슷한 맛이 나서 아이들도 맛있게 먹을 수 있어요.

ingredient : 4인분

병아리콩 1컵, 양파 1/2개, 전분 2큰술, 다진 마늘 1큰술, 밀가루 3작은술, 다진 파슬리 약간, 소금 약간, 후춧가루 약간, 고춧가루 약간, 콩기름 약간

 Tip

너무 굵게 갈면 서로 잘 붙지 않아서 전의 모양이 흐트러져요. 이럴 때에는 전분을 조금 더 추가해주세요.

1 : 병아리콩을 물에 넣고 푹 삶은 뒤 약간 알갱이가 있도록 믹서로 간다.

2 : 양파는 곱게 다진 뒤, 다진 마늘과 함께 볶는다.

3 : 병아리콩, 양파, 밀가루, 전분, 다진 마늘, 다진 파슬리, 소금, 후춧가루, 고춧가루를 넣고 골고루 버무려 반죽한다.

4 : 달군 팬에 콩기름을 두르고 한입 크기로 부친다.

요거트마요드레싱닭구이

새로운 맛,
잇 푸드

기름에 튀기지 않고 삶거나 저염식으로 조리하는 이슬람의 할랄푸드와
비슷한 요리로 고두밥과 곁들이면 한 끼 식사로 든든해요.

ingredient : 4인분

닭가슴살 4개, 양파 1/4개, 당근 1/4개, 올리브유 1/4컵, 레몬즙 2
큰술, 다진 마늘 1½큰술, 오레가노 파우더 약간, 소금 약간, 굵은
후춧가루 약간

양념장 마요네즈 4큰술, 그리스요거트 4큰술, 식초 1큰술, 설탕
1/2큰술, 레몬주스 1/2작은술, 다진 마늘 1작은술, 다진 파슬리 약
간, 소금 약간, 굵은 후춧가루 약간

가슴살이 속까지 촉촉하게 익도록 반드시 뚜껑을 덮고 물
을 조금 넣어 찌듯이 익혀주세요.

1 : 양파와 당근는 깨끗이 씻어 채를 썬다.

2 : 닭가슴살에 올리브유, 레몬즙, 다진 마늘,
오레가노 파우더, 소금, 굵은 후춧가루를 넣
어 골고루 버무린 뒤 30분 정도 재운다.

3 : 달군 팬에 물을 조금 넣고 ②의 닭가슴살과
①의 양파와 당근을 넣은 뒤 뚜껑을 덮고 속
까지 푹 익힌다.

4 : 양념장 재료를 골고루 섞은 뒤 ③의 닭가슴
살과 함께 곁들인다.

견과류옥수수콘샐러드

아이들이 좋아하는 옥수수와 두뇌발달에 도움이 되는 견과류를 섞어 만든 샐러드예요.
간식 대용으로 먹거나 든든하게 먹고 싶다면 모닝롤 샌드위치를 만들어 먹어도 좋아요.

**가벼운 한끼 식사,
샐러드 반찬**

190

ingredient : 4인분

캔 옥수수1개, 양파 1/4개, 청·홍피망 1/4개씩, 아몬드 4큰술, 피
스타치오 2큰술

드레싱 마요네즈 4큰술, 식초 2큰술, 설탕 2작은술, 소금 약간,
　　　굵은 후춧가루 약간

Tip

샐러드에 물이 많이 생기지 않게 캔 옥수수의 물은 따라
내고 조리해요. 견과류는 마지막에 넣어야 눅눅하지 않고
바삭하게 씹히는 맛을 함께 즐길 수 있어요.

1 : 캔 옥수수는 뜨거운 물에 한 번 헹군 뒤 체
에 밭쳐 물기를 뺀다.

2 : 양파, 청·홍피망은 캔 옥수수 크기로 썰고,
아몬드, 피스타치오는 굵게 다진다.

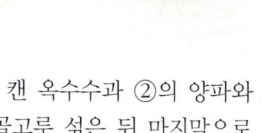

3 : 드레싱 재료를 골고루 섞는다.

4 : 드레싱에 ①의 캔 옥수수과 ②의 양파와
청·홍피망을 골고루 섞은 뒤 마지막으로
견과류를 섞는다.

봄나물칠리휘시샐러드

봄나물에 매콤한 칠리 소스와 감칠맛 나는 휘시 소스를 드레싱으로 뿌려 이국적인 맛이
나는 샐러드예요. 씹을수록 상큼한 봄나물이 입맛 없는 봄에 식욕을 돋워줘요.

ingredient : 4인분

달래 50g, 돌나물 50g, 양파 1/4개, 두부 1/2모

드레싱 칠리 소스 4큰술, 휘시 소스 2큰술, 레몬즙 2큰술, 설탕 1
큰술, 후춧가루 약간

Tip

봄나물이 없으면 취향에 따라 다른 부드러운 채소를 활용
해도 좋아요. 영양부추나 미나리 등 향이 나는 채소를 응
용하면 더 잘 어우러져요.

1 : 달래, 돌나물은 깨끗이 씻어 달래는 5cm 폭
으로 돌나물은 한입 크기로, 양파는 곱게 채
를 썬다.

2 : 두부는 물기를 뺀 뒤 깍둑 썬다.

3 : 드레싱 재료를 골고루 섞는다.

4 : ①, ②, ③을 가볍게 버무린다.

오이치아시드생채샐러드

페타 치즈와 발사믹 식초를 곁들여서 그리스식으로 가볍게 즐길 수 있는 샐러드예요.
페타 치즈를 구하기 어렵다면 두부를 대신 넣어 만들어도 담백하고 맛있어요.

가벼운 한끼 식사,
샐러드 반찬

ingredient : 4인분

오이 1개, 양상추잎 4장, 페타 치즈 100g, 양파 1/4개, 올리브 10알
드레싱 올리브오일 4큰술, 레몬즙 2큰술, 발사믹 식초 1큰술, 치
아씨드 1큰술, 설탕 1큰술, 다진 마늘 1작은술, 소금 약간,
굵은 후춧가루 약간

Tip

발사믹 식초는 풍미가 좋아서 조금만 넣어도 맛이 확 달
라져요. 매운맛이 강한 양파는 미리 드레싱에 절여두면
매운맛이 줄어들어요.

1 : 오이는 1cm 폭으로 썰고, 양상추잎은 한입
크기로 썰고, 양파는 채를 썬다. 페타치즈는
깍둑 썰고 올리브는 반으로 자른다.

2 : 드레싱 재료를 골고루 섞는다.

3 : 드레싱에 페타 치즈와 양파를 넣고 골고루
버무린다.

4 : 그릇에 오이, 양상추, 올리브를 담은 뒤 ③
을 골고루 뿌린다.

인도식오이샐러드

다진 땅콩이 들어간 고소한 샐러드로 크래커나 구운 식빵 위에 올려 오픈 샌드위치나
카나페 형식으로 먹을 수 있어요. 인도식 오이샐러드를 활용해서 브런치를 즐겨보세요.

ingredient : 4인분

방울토마토 10개, 오이 2개, 청·홍고추 1개씩, 적양파 1/2개, 다진 땅콩 3큰술, 고수잎 약간

드레싱 라임즙 2큰술, 올리브오일 1큰술, 칠리파우더 1/4작은술, 큐민가루 1/4작은술

Tip

칠리파우더, 큐민가루, 라임즙은 구하기 힘들 수도 있어요. 맛은 조금 다르지만 레몬즙, 고춧가루, 카레가루를 대신 넣어도 좋아요.

1 : 오이는 반으로 잘라 어슷 썰고, 청·홍고추는 얇게 송송 썰고, 방울토마토와 적양파는 굵게 다진다.

2 : 드레싱 재료를 골고루 섞는다.

3 : ①과 ②를 골고루 섞는다.

4 : ③에 다진 땅콩과 고수잎을 곁들인다.

감자오이샐러드

여름에는 제철 채소인 포슬포슬한 감자와 상큼한 오이가 식탁의 단골손님이에요.
늘 먹는 감자와 오이를 색다르게 먹고 싶다면 디종머스터드를 넣고 샐러드를 만들어보세요.

ingredient : 4인분

감자 4개, 오이 1/2개, 양파 1/4개

드레싱 마요네즈 4큰술, 디종머스터드 1큰술, 설탕 1작은술, 소금
약간, 굵은 후춧가루 약간

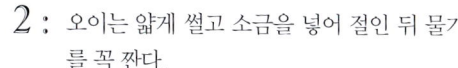

Tip

오이를 너무 얇게 썰면 나중에 수분을 빠져나가 뭉개지니
0.3cm 정도의 두께로 썰어주세요.

1 : 감자는 깨끗이 씻어 껍질을 벗긴 뒤 깍둑 썰
고 찜통에 넣어 찐다.

2 : 오이는 얇게 썰고 소금을 넣어 절인 뒤 물기
를 꼭 짠다.

3 : 양파는 굵게 다져 팬에 넣어 노릇하게 볶
는다.

4 : 준비한 감자, 오이, 양파에 드레싱 재료를
골고루 섞는다.

브로콜리두부샐러드

초고추장에만 브로콜리를 찍어 먹었다면 이제 새롭게 즐겨보세요.
두부의 고소한 맛과 안초비의 감칠맛이 브로콜리의 단맛과 잘 어우러져요.

ingredient : 4인분

두부 1모, 브로콜리 1/4송이, 파마산 치즈 적당량

드레싱 안초비 2개, 마요네즈 4큰술, 레몬즙 2큰술, 다진 마늘 1
작은술, 후춧가루 약간

브로콜리는 너무 오래 데치면 색깔도 안 좋지만, 씹히는
식감도 떨어져요. 풋내가 나지 않도록 살짝만 데쳐주세
요.

1 : 브로콜리는 한입 크기로 썰어 살짝 데친다.

2 : 두부는 4등분 하여 데친다.

3 : 안초비를 곱게 다진 뒤 마요네즈, 레몬즙, 다
진마늘, 후춧가루와 함께 골고루 버무린다.

4 : 데친 두부와 브로콜리 위에 드레싱 재료를
골고루 섞어 뿌리고 파마산 치즈를 필러로
잘라 올린다.

연두부샐러드

단백질이 풍부한 콩으로 만든 연두부에 신선한 채소를 곁들이면 담백하면서도
신선한 샐러드가 완성돼요. 칼로리도 낮아 다이어트 할 때 도움이 되는 샐러드예요.

ingredient : 4인분

연두부 1모, 쑥갓 5cm 4줄기, 양파 1/4개,

드레싱 청·홍고추 2개씩, 간장 4큰술, 들기름 2큰술, 설탕 1큰술,
통깨 1큰술, 다진 마늘 1작은술

 Tip

연두부를 체에 밭쳐 물기를 빼면 드레싱의 맛이 묽어지는
것을 방지할 수 있고, 조금 더 탄력 있는 식감을 즐길 수
있어요.

1 : 연두부는 체에 밭쳐 물기를 뺀다.

2 : 쑥갓은 한입 크기로 손질하고, 양파는 얇게
채를 썬다.

3 : 드레싱 재료를 골고루 섞는다. 이때 청·홍
고추는 곱게 다진다.

4 : 연두부 위에 양파를 올리고 ③의 드레싱을
뿌린 뒤 쑥갓을 곁들여낸다.

케일멕시칸드레싱샐러드

쌉쌀한 맛의 케일은 빈혈과 장 건강에 도움이 되는 채소로 성장기 아이들과 빈혈로 고생하는
여자들에게 특히 좋아요. 닭가슴살과 멕시칸 드레싱을 곁들여 즐겨보세요.

가벼운 한끼 식사,
샐러드 반찬

ingredient : 4인분

케일잎 15장, 겨자잎 10장, 닭가슴살 1개, 굵은 후춧가루 약간, 소금 약간, 올리브유 약간

드레싱 마요네즈 2큰술, 레몬즙 2큰술, 파마산 치즈 가루 1큰술, 다진마늘 1/2작은술, 큐민가루 약간, 케이안 페퍼 약간, 후춧가루 약간, 소금 약간

Tip

향신료가 부담스럽다면 향신료를 빼고 고춧가루를 약간 넣어도 색다른 맛을 낼 수 있어요. 여기에 안초비를 다져 넣으면 시저 드레싱으로도 즐길 수 있어요.

1 : 케일잎과 겨자잎은 깨끗이 씻어 반으로 자른 뒤 어슷하게 썬다. 닭가슴살은 한입 크기로 깍둑 썰어 굵은 후춧가루, 소금, 올리브유로 골고루 버무려 재운다.

2 : 달군 팬에 ①의 닭가슴살을 노릇하게 볶는다.

3 : 드레싱 재료를 골고루 섞는다.

4 : ①, ②, ③을 골고루 버무린다.

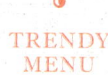

TRENDY MENU

연어통조림미나리샐러드

가벼운 한끼 식사,
샐러드 반찬

연어는 노화를 방지하고 면역력을 높여주는 식재료로 미나리와 곁들여 샐러드를 만들면 향긋하게 즐길 수 있어요. 감칠맛 나는 간장소스에 밥을 넣어 비벼 먹어도 맛있어요.

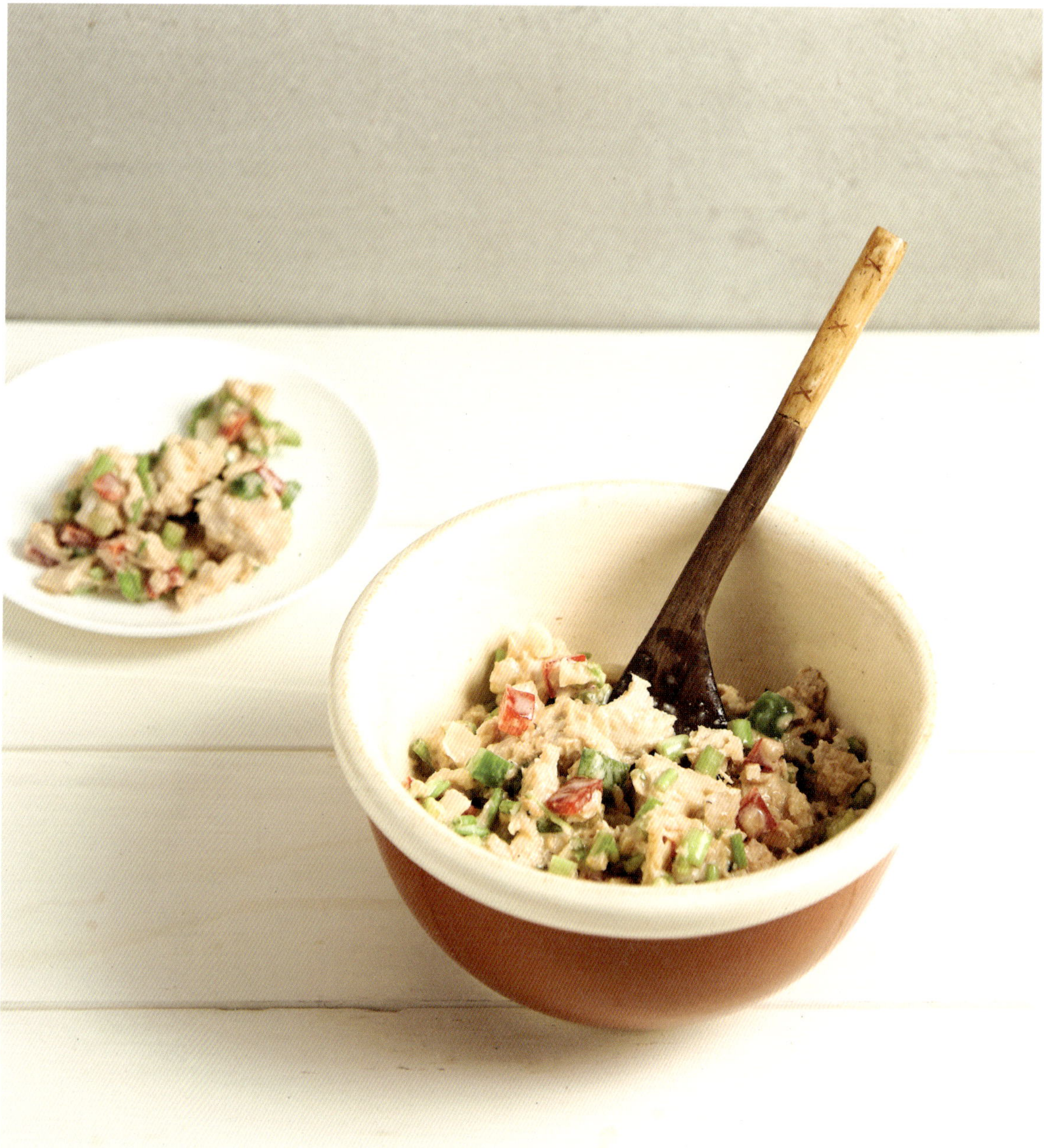

ingredient : 4인분

연어 통조림 1캔, 미나리 10대, 양파 1/4개, 청·홍피망 1/2개

드레싱 마요네즈 4큰술, 레몬즙 2큰술, 간장 2큰술, 설탕 1큰술,
다진 마늘 1작은술, 통깨 약간, 굵은 후춧가루 약간

Tip

건강한 맛을 원한다면 마요네즈 대신 플레인 요거트를
사용해도 좋아요.

1 : 연어 통조림은 체에 밭쳐 기름기를 뺀다.

2 : 미나리는 이파리를 제거해 송송 썰고, 양파
와 청·홍피망은 굵게 다진다.

3 : 드레싱 재료를 골고루 섞는다.

4 : ①, ②, ③을 골고루 가볍게 섞는다.

숙주양파샐러드

다이어트로 고민이 된다면 새우를 삶아 칼로리는 줄이고 아삭한 숙주에 향긋한 생 양파를 곁들인 숙주양파샐러드를 만들어보세요. 톡 쏘는 연겨자 냉채 드레싱이 풍미를 더해줘요.

ingredient : 4인분

새우 20마리, 숙주 200g, 양파 1/4개, 양상추잎 4장

드레싱 식초 4큰술, 설탕 2큰술, 연겨자 1작은술, 소금 1/4작은
술, 후춧가루 약간

Tip

숙주는 오랫동안 데치면 씹히는 맛이 없어서 맛이 덜해
요. 뜨거운 물에 가볍게 담갔다가 빼는 느낌으로 데쳐주
세요.

1 : 숙주는 깨끗이 씻어 살짝 데친 뒤 체에 밭쳐
물을 뺀다.

2 : 양파는 얇게 채를 썰고, 양상추는 굵게 채를
썬다.

3 : 끓는 물에 새우를 넣어 데친다.

4 : 드레싱 재료를 골고루 섞은 뒤 숙주, 양파,
양상추, 새우와 함께 가볍게 버무린다.

태국식무샐러드

무는 섬유질이 많아 변비에 좋고, 비타민이 풍부해 감기 예방에도 좋은 채소예요.
씹히는 맛이 좋은 무에 태국의 전통 양념장인 휘시 소스를 넣어 샐러드로 즐겨보세요.

**가벼운 한끼 식사,
샐러드 반찬**

ingredient : 4인분

칵테일 새우 20마리, 홍피망 1/2개, 무 1/4개, 다진 땅콩 4큰술,
고수잎 적당량

드레싱 라임즙 4큰술, 휘시 소스 2큰술, 설탕 2큰술, 굵은 후춧가
루 약간

Tip

무는 일정한 크기로 채를 썰어야 간이 골고루 배요.

1 : 홍피망은 세로로 잘라 곱게 채를 썰고 무도
곱게 채를 썬다.

2 : 칵테일 새우는 끓는 물에 데쳐서 물기를
뺀다.

3 : 드레싱 재료를 골고루 섞는다.

4 : 드레싱에 ①과 ②를 섞은 뒤 고수잎과 다진
땅콩을 뿌린다.

참나물고기샐러드

특유의 향긋한 맛이 나는 참나물은 비타민이 풍부하고 신진대사를 활발하게 도와줘요.
기름기가 많은 차돌박이와 함께 먹으면 맛과 영양을 보완할 수 있어요.

**가벼운 한끼 식사,
샐러드 반찬**

ingredient : 4인분

차돌박이 120g, 참나물 80g, 양파 1/2개

드레싱 된장 2큰술, 식초 2큰술, 설탕 1큰술, 참기름 1큰술, 다진 마늘 1작은술, 통깨 약간

Tip

구운 차돌박이는 시간이 지나면 기름이 돌아 딱딱해지기 때문에 굽자마자 기름기를 제거하고 바로 먹는 것이 좋아요.

1 : 참나물은 깨끗이 씻어 물기를 뺀 뒤 굵은 줄기는 제거하고, 얇은 줄기는 4cm 길이로 썬다.

2 : 양파는 곱게 채를 썬다.

3 : 달군 팬에 차돌박이를 구운 뒤 키친 타월로 기름기를 제거한다.

4 : 드레싱 재료를 골고루 섞은 뒤 ①, ②, ③의 재료와 곁들인다.

가벼운 한끼 식사, 샐러드 반찬

대패삼겹살 더덕샐러드

향긋한 더덕 향에 달콤한 배의 맛과 대패삼겹살의 부드러움이 더해져 일품요리로도 충분한 메뉴예요.

ingredient : 4인분

더덕 4뿌리, 대패삼겹살 100g, 배 1/2개

드레싱 들깻가루 4큰술, 물 2큰술, 식초 2큰술, 간장 1큰술, 설탕 1작은술, 후춧가루 약간

1 : 더덕은 껍질을 벗긴 뒤 방망 이로 곱게 두들겨 가늘게 찢 는다.

2 : 배는 껍질째 곱게 채를 썬다.

3 : 대패삼겹살은 끓는 물에 넣어 데친 뒤 드레싱 재료와 골고 루 섞어 모두 버무린다.

가벼운 한끼 식사, 샐러드 반찬

묵은지샐러드

냉장고에 있는 묵은지를
활용해서 만든 샐러드 반찬으로
고기와 함께 곁들여도 좋아요.

ingredient : 4인분

묵은지 1/4포기, 배 1/2개, 잣 2큰술 적당량
드레싱 들깻가루 4큰술, 식초 1큰술, 설탕 1큰술

1 : 묵은지는 양념을 털어내고 깨끗이 씻어 찬물에 15분간 담근 뒤 물기를 꼭 짠다.

2 : 묵은지와 배는 얇게 채를 썬다.

3 : ②에 드레싱 재료와 잣을 넣고 가볍게 섞는다. 수육이 있다면 함께 곁들인다.

닭가슴살레몬샐러드

닭가슴살은 저열량에 단백질이 풍부하고 소화가 잘 돼서 다이어트 할 때 가장 많이 먹는 고기예요. 상큼한 레몬 드레싱과 함께 곁들이면 더욱 건강하고 맛있게 즐길 수 있어요.

ingredient : 4인분

닭가슴살 2개, 샐러드 채소(양상추, 치커리 등) 100g, 사과 1개,
레몬즙 1큰술, 소금 약간, 굵은 후춧가루 약간, 올리브유 약간

드레싱 레몬즙 4큰술, 설탕 2큰술, 소금 1/4작은술

Tip

닭가슴살은 두껍기 때문에 그릴팬에 구울 때에는 반으로
포를 떠서 구워요.

1 : 닭가슴살은 반으로 포를 뜬 뒤 레몬즙, 소
금, 올리브유, 굵은 후춧가루에 버무려 30분
정도 재운다.

2 : 사과는 씨를 제거하고 웨지 모양으로 얇게
썬다. 샐러드 채소는 깨끗이 씻어 물기를 제
거한다.

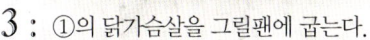

3 : ①의 닭가슴살을 그릴팬에 굽는다.

4 : 드레싱 재료를 골고루 섞은 뒤 구운 닭가슴
살, 샐러드 채소, 사과와 곁들인다.

아삭하고 새콤한 피클

셀러리피클

셀러리피클은 특유의 상큼한 향으로
고기와 먹으면 잘 어우러져요.

ingredient : 4인분

셀러리 2대, 통후추 1큰술

피클물 물 1컵, 식초 1/2컵, 설탕 1/3컵, 소금 1작
은술

1 : 셀러리는 깨끗이 씻어 한입
크기로 썬 뒤 밀폐용기에 담
는다.

2 : 냄비에 피클물 재료와 통후추
를 넣고 끓인다.

3 : 가루 재료가 녹으면 한 김 식
힌 뒤 ①에 붓고 실온에서 1
일, 냉장고에서 3일 숙성시킨
뒤 먹는다.

아삭하고 새콤한 피클

파프리카
오이피클

새콤하고 달달한 맛이 나는
피클로 파스타나 샐러드와
함께 먹으면 좋아요.

ingredient : 4인분

파프리카 2개, 오이 1개, 피클링스파이스 1큰술
피클물 물 1컵, 식초 1/2컵, 설탕 1/3컵, 소금 1작
은술

1 : 파프리카와 오이는 깨끗이 씻
어 한입 크기로 썬 뒤 밀폐용
기에 담는다.

2 : 냄비에 피클물과 피클링스파
이스를 넣고 끓인다.

3 : 가루 재료가 녹으면 한 김 식
힌 뒤 ①에 붓고 실온에서 1
일, 냉장고에서 3일 숙성시킨
뒤 먹는다.

아삭하고 새콤한 피클

미니양배추
월계수잎피클

고기요리 옆에 사이드로
올리면 맛도 좋고 예쁘게
스타일링 할 수 있어요.

ingredient : 4인분

미니양배추 20개, 월계수잎 2장, 건고추 1개

피클물 물 2컵, 식초 2/3컵, 설탕 1/2컵, 소금 2
작은술

1 : 미니양배추는 깨끗이 씻어 반
으로 썬 뒤 건고추와 함께 밀
폐용기에 담는다.

2 : 냄비에 피클물과 월계수잎을
넣고 끓인다.

3 : 가루 재료가 녹으면 한 김 식
힌 뒤 ①에 붓고, 실온에서 1
일 냉장고에서 3일 숙성시킨
뒤 먹는다.

아삭하고 새콤한 피클

콜라비피클

콜라비피클은
아삭한 식감과 새콤한 맛으로
튀김 요리와 잘 어우러져요.

ingredient : 4인분

콜라비 1개
피클물 물 1컵, 식초 1컵, 설탕 1/2컵, 소금 1작
은술

1 : 콜라비는 깨끗이 씻어 길쭉하
게 썬 뒤 밀폐용기에 담는다.

2 : 피클물 재료를 냄비에 넣고
끓인다.

3 : 가루 재료가 녹으면 한 김 식
힌 뒤 ①에 붓고 실온에서 1
일, 냉장고에서 3일 숙성시킨
뒤 먹는다.

아삭하고 새콤한 피클

당근
시나몬피클

고급스러운 시나몬 향이 나는 피클로
고기요리뿐 만아니라
가벼운 양식요리에도 어울려요.

ingredient : 4인분

당근 2개, 시나몬 2대

피클물 물 1컵, 식초 2/3컵, 설탕 1/4컵, 소금 1
작은술

1: 당근은 깨끗이 씻어 길쭉하게
썬 뒤 시나몬과 함께 밀폐용
기에 담는다.

2: 냄비에 피클물 재료를 넣고
끓인다.

3: 가루 재료가 녹으면 한 김 식
힌 뒤 ①에 붓고 실온에서 1
일, 냉장고에서 3일 숙성시킨
뒤 먹는다.

아삭하고 새콤한 피클

래디쉬
무피클

시원한 무의 맛이 고기요리와
튀김요리에 잘 어울리고 색도 예뻐
잘게 다져 샐러드 위에 얹어도 좋아요.

ingredient : 4인분

래디쉬 10개, 무 1/4개
피클물 물 1컵, 레몬식초 1컵, 설탕 1/3컵, 소금 1
　작은술

1 : 무와 래디쉬는 깨끗이 씻어
　무는 깍뚝 썰고, 래디쉬는 도
　톰하게 편을 썬 뒤 밀폐용기
　에 담는다.

2 : 냄비에 피클물 재료를 넣고
　팔팔 끓인다.

3 : 가루 재료가 녹으면 한 김 식
　힌 뒤 ①에 붓고 실온에서 1
　일, 냉장고에서 3일 숙성시킨
　뒤 먹는다.

아삭하고 새콤한 피클

연근
비트피클

연근으로 담가
한식과 특히 잘 어울리는 피클이에요.
비트를 너무 많이 넣으면 흙맛이 나니
적당히 넣어주세요.

ingredient : 4인분

연근 30cm, 비트 1/4개, 건고추 1개

피클물 물 1컵, 레몬 식초 1컵, 설탕 1/2컵, 소금
1작은술

1 : 연근은 껍질을 벗긴 뒤 얇게
편을 썰고, 비트는 가늘게 채
를 썬 뒤 건고추와 함께 밀폐
용기에 담는다.

2 : 피클물 재료를 냄비에 넣고
팔팔 끓인다.

3 : 가루 재료가 녹으면 한 김 식
힌 뒤 ①에 붓고 실온에서 1
일, 냉장고에서 3일 숙성시킨
뒤 먹는다.

아삭하고 새콤한 피클

마늘
강황피클

재료 특성상 매운맛이 있어서
다른 피클보다 오래 숙성시켜야 해요.
잘게 다져서 고기 소스로 활용하거나,
양념장에 넣으면 좋아요.

ingredient : 4인분

마늘 2컵, 피클링스파이스 1작은술

피클물 물 1컵, 식초 1컵, 설탕 1/3컵, 소금 2작
은술, 강황가루 1작은술

1 : 마늘은 깨끗이 씻어 반으로
잘라 밀폐용기에 담는다.

2 : 냄비에 피클물 재료와 피클
링스파이스를 넣고 팔팔 끓
인다.

3 : 가루 재료가 녹으면 한 김 식
힌 뒤 ①에 붓고 실온에서 1
일, 냉장고에서 2주 이상 숙성
시킨 뒤 먹는다.

아삭하고 새콤한 피클

양파피클

피클로 담가 소화를 촉진시키는
양파를 고기와 함께 먹으면
소화가 잘 돼요.

ingredient : 4인분

양파 2개, 건고추 1개

피클물 물 1컵, 레몬 식초 1/2컵, 설탕 2큰술, 소
금 1작은술

1 : 양파는 깨끗이 씻어 8등분 한
뒤 건고추와 함께 밀폐용기에
담는다.

2 : 냄비에 피클물 재료를 넣고
팔팔 끓인다.

3 : 가루 재료가 녹으면 한 김 식
힌 뒤 ①에 붓고 실온에서 1
일, 냉장고에서 3일 숙성시킨
뒤 먹는다.

아삭하고 새콤한 피클

고추
양파피클

매콤한 맛 뒤에 단맛이 도는
양파와 코끝이 찡하게 알큰한
고추 맛이 잘 어우러져요.
튀김 요리와 함께 먹어보세요.

ingredient : 4인분

청량고추 10개, 양파 1개, 월계수잎 1장
피클물 물 1컵, 레몬 식초 1/2컵, 설탕 2큰술, 소
금 1작은술

1 : 고추와 양파는 깨끗이 씻어
고추는 송송 썰고 양파는 깍
둑 썬 뒤 밀폐용기에 담는다.

2 : 냄비에 피클물과 월계수잎을
넣고 팔팔 끓인다.

3 : 가루 재료가 녹으면 한 김 식
힌 뒤 ①에 붓고 실온에서 1
일, 냉장고에서 3일 숙성시킨
뒤 먹는다.

: 특별한 날을 위한

별미 반찬

SPECIAL MENU

입맛 돋우는 한식 일품반찬
집에서 맛보는 세계 일품요리

오랜만에 반가운 사람들이 집으로 찾아올 때 무얼 대접할까 고민하게 되죠. 손
님들이 모두 맛있게 먹고 돌아갈 수 있도록 솜씨를 발휘해 별미 반찬을 만들어
보세요. 식탁에 즐거운 웃음꽃이 쏟아질 거예요.

차돌박이영양부추무침

부추는 몸을 따뜻하게 해주어 감기와 빈혈에 좋은 영양 만점 채소예요.
기운이 없는 봄날, 향긋한 부추와 고소한 차돌박이를 한데 무쳐 맛있게 몸보신하세요.

ingredient : 4인분

차돌박이 100g, 영양부추 100g, 홍고추 2개, 양파 1/2개, 잣 1큰술, 통깨 1작은술

양념장 간장 2큰술, 식초 2큰술, 설탕 1큰술, 참기름 1작은술

Tip

영양부추는 생으로 먹어도 부드러워 야들야들한 차돌박이와 잘 어우러져요.

1 : 달군 팬에 차돌박이를 구운 뒤 기름기를 제거한다.

2 : 영양부추, 양파, 홍고추는 깨끗이 씻어 영양부추는 5cm 폭으로, 양파는 얇게 채를 썬다. 홍고추는 반으로 갈라 씨를 제거한 뒤 얇게 채를 썬다.

3 : 양념장 재료를 골고루 섞는다.

4 : 그릇에 차돌박이, 영양부추, 양파, 홍고추를 담은 뒤 ③을 뿌린 뒤 잣과 통깨를 곁들인다.

소불고기잡채

입맛 돋우는
한식 일품반찬

다양한 볶음 채소와 고기 그리고 당면이 어우러져 한국인이라면 모두가 좋아하는 반찬이에요.
즐거운 잔칫상에 자주 오르는 메뉴로 취향에 따라 채소와 고기를 바꿔도 좋아요.

ingredient : 4인분

당면 100g, 불고기용 소고기 100g, 시금치 6포기, 표고버섯 4
개, 양파 1/2개, 당근 1/4개, 간장 4큰술, 설탕 4큰술, 참기름 4큰
술, 다진 마늘 약간, 통깨 약간, 후춧가루 약간

Tip

시금치는 부드러운 잎채소로 소고기, 당면과 함께 볶으
면 좋아요. 당면은 끓는 물에 7분 정도 삶아도 좋지만, 미
지근한 물에 불린 뒤에 볶으면 좀 더 탱탱한 맛을 즐길 수
있어요.

1 : 시금치는 밑동을 제거하고, 양파와 당근은 채를 썰고, 표고버섯은 편을 썬다.

2 : 1의 시금치는 데쳐서 물기를 빼고, 당면은 따뜻한 물에 넣어 30분 이상 불린다.

3 : 불고기용 소고기는 다진 마늘과 후춧가루를 뿌려 양념한다.

4 : 달군 팬에 참기름을 2큰술 두른 뒤 당근과 양파를 넣고 볶는다.

5 : 당근과 양파가 반 이상 익으면 당면과 불고기용 소고기, 표고버섯, 시금치를 넣고 볶는다.

6 : 당면이 익으면 간장, 설탕, 참기름 2큰술을 넣고 맛이 배게 골고루 볶은 뒤 통깨를 뿌린다.

숙주삼겹살간장볶음

숙주를 아삭하게 익히는 것이 포인트로 삼겹살은 대패 삼겹살을 활용해도 좋아요.
숙주삼겹살간장볶음으로 온 가족이 모인 저녁, 맛있게 식사를 즐겨보세요.

ingredient : 4인분

숙주 200g, 삼겹살 200g, 파 1대, 간장 4큰술, 다진 마늘 1큰술,
설탕 1큰술, 후춧가루 약간

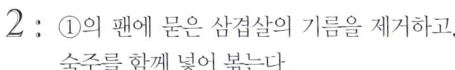

Tip

삼겹살 기름을 제거하지 않으면 식었을 때 기름이 하얗게
올라올 수 있어요. 숙주는 아삭하게 익히고 삼겹살 기름
은 꼭 제거해주세요.

1 : 팬에 삼겹살을 구운 뒤 2cm 폭으로 썬다.

2 : ①의 팬에 묻은 삼겹살의 기름을 제거하고,
숙주를 함께 넣어 볶는다.

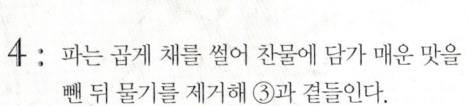

3 : ②에 숙주가 숨이 살짝 죽으면 간장, 다진 마
늘, 설탕, 후춧가루를 넣고 골고루 버무린다.

4 : 파는 곱게 채를 썰어 찬물에 담가 매운 맛을
뺀 뒤 물기를 제거해 ③과 곁들인다.

표고버섯불고기

오늘 저녁은 조금 색다른 불고기를 먹어볼까요? 쫄깃한 식감이 일품인 표고버섯에
불고기 양념을 넣으면 초대 요리로도 좋은 표고버섯불고기가 완성돼요.

ingredient : 4인분

표고버섯 8개, 대파 1/2개, 양파 1/4개, 당근 1/4개, 간장 4큰술, 설탕 2큰술, 참기름 2큰술, 후춧가루 약간, 통깨 약간, 콩기름 약간

버섯은 기름을 흡수하는 성질을 가지고 있어요. 건조할 때는 기름 대신 물을 약간 넣어 찌듯이 볶아주세요.

1 : 표고버섯은 편을 썰고, 대파, 양파, 당근은 채를 썬다.

2 : 표고버섯에 간장, 설탕, 참기름, 후춧가루를 넣고 골고루 버무린다.

3 : 팬에 콩기름을 두른 뒤 당근과 양파를 넣고 볶다가 익기 시작하면 표고버섯을 넣고 볶는다.

4 : 표고버섯이 익으면 대파를 넣고 가볍게 한 번 더 볶은 뒤 통깨를 뿌린다.

소고기새송이버섯구이

담백하고 쫄깃한 맛을 동시에 즐길 수 있는 소고기새송이버섯구이는
별다른 장식 없이 정갈하게 담는 것만으로도 일품요리가 되는 고급 요리예요.

ingredient : 4인분

구이용 소고기 200g, 마늘 4개, 새송이버섯 2개, 대파 1대, 소금
약간, 굵은 후춧가루 약간

Tip

취향에 따라 등심, 안심, 부채살, 살치살 등 다양한 소고기
부위를 활용해보세요. 구운 파는 달콤한 맛이 올라와 고
기와 잘 어울리니 꼭 곁들여보세요.

1 : 새송이버섯은 1cm 폭으로 썰고, 대파는
10cm 폭으로 썬 뒤 반으로 자른다. 마늘은
편을 썬다.

2 : 달군 팬에 새송이버섯을 넣고 굽는다.

3 : ②의 팬에 구이용 소고기, 마늘, 대파를 넣
고 굽는다.

4 : 모두 익으면 그릇에 보기 좋게 담은 뒤 소금
과 굵은 후춧가루를 곁들인다.

명란두부구이

명태의 알을 알집째 소금에 절인 명란젓은 맛도 좋고 피로 회복에도 도움이 돼요.
전분옷을 입혀 담백하게 구운 두부와 함께 곁들여 짠맛은 줄이고 영양은 높였어요.

ingredient : 4인분

명란젓 2개, 두부 1개, 실파 1대, 전분가루 1큰술, 콩기름 약간, 참기름 약간, 소금 약간, 후춧가루 약간

 Tip

명란젓은 타지 않도록 약한 불에서 골고루 돌려가면서 익혀주세요.

1 : 두부는 1cm 폭으로 납작하게 썰어 물기를 제거해 후춧가루와 소금으로 간을 한 뒤 전분가루로 옷을 입힌다.

2 : 달군 팬에 콩기름을 두른 뒤 ①을 굽는다.

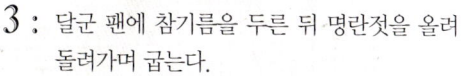

3 : 달군 팬에 참기름을 두른 뒤 명란젓을 올려 돌려가며 굽는다.

4 : ②의 두부와 ③의 명란젓을 보기 좋게 담은 뒤 송송 썬 실파를 뿌린다.

부추훈제오리구이

부추는 피를 맑게 해 중국에서는 마늘과 함께 2대 강정 식품으로 꼽히는 채소예요.
훈제오리구이와 곁들여 내면 느끼한 맛도 줄어들고 건강 보양식으로도 손색이 없어요.

훈제오리 400g, 부추 40g, 양파 1/4개, 쌈무 1팩

연겨자 드레싱 식초 2큰술, 연겨자 1작은술, 설탕 1작은술
땅콩버터 드레싱 간장 1큰술, 땅콩버터 1큰술, 설탕 1작은술,
식초 1작은술

Tip

구운 훈제오리는 기름이 많이 나오니 반드시 키친타월로
기름기를 제거하고 부추와 양파를 곁들이세요.

1 : 달군 팬에 훈제오리를 올려 노릇하게 굽는다.

2 : 부추와 양파는 깨끗이 씻어 부추는 5cm 폭
으로 썰고, 양파는 얇게 채를 썬다.

3 : 연겨자 드레싱 재료와 땅콩버터 드레싱 재
료를 각각 섞어 준비한다.

4 : ①의 훈제오리와 ②의 부추와 양파를 쌈무
와 함께 보기 좋게 담은 뒤 연겨자 드레싱과
땅콩버터 드레싱을 곁들인다.

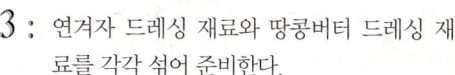

매콤닭볶음탕

닭고기를 노릇하게 볶아서 고추장 양념에 각종 채소를 넣고 만든 닭볶음탕은 조리 과정이 간편해서 누구나 쉽게 해 먹을 수 있는 별미 반찬이에요.

ingredient : 4인분

닭볶음탕용 닭 1마리, 깻잎 10장, 양배추 4장, 감자 1개, 당근 1/2
개, 양파1/2개, 대파 1대, 올리브유 약간

양념장 고추장 4큰술, 고춧가루 2큰술, 설탕 2큰술, 다진 마늘 1
큰술, 간장 1큰술, 후춧가루 약간

Tip

감자 대신 고구마나 단호박을 넣어도 좋아요. 그럴 경우
설탕 양을 조금 줄여주세요.

1 : 깻잎은 반으로 자른 뒤 굵게 썰고 감자, 양
배추, 당근, 양파, 대파는 한입 크기로 썬다.

2 : 닭고기는 끓는 물에 한 번 데친다.

3 : 달군 냄비에 올리브유를 두르고 ②의 닭을
넣어 노릇하게 볶다가 깻잎을 제외한 채소,
양념장 재료, 물 3컵을 넣고 끓인다.

4 : 끓기 시작하면 불을 줄여 양념이 배게 자박하
게 끓이고, 마지막에 깻잎을 올린다.

입맛 돋우는
한식 일품반찬

마늘버터돼지등갈비찜

마늘은 등갈비의 잡내를 잡아주고, 버터는 구울수록 입맛 당기는 고소한 맛을 더해줘요.
마늘버터돼지등갈비찜은 뼈에 붙은 쫄깃쫄깃한 살을 발라 먹는 재미가 있어요.

ingredient : 4인분

돼지 등갈비 2kg, 양파 1개, 감자 1개, 마늘 4알, 대파 1/2대, 버터
3큰술, 양파 껍질 약간

양념장 다진 마늘 4큰술, 간장 1큰술, 설탕 1작은술, 굵은 후춧가
루 약간

Tip

양파 껍질은 잘 말려 보관해뒀다가 돼지 잡내를 제거할
때 쓰면 좋아요. 오븐이 없을 때에는 등갈비를 약한 불에
서 팬의 뚜껑을 덮고 뒤집어가면서 구워주세요.

1 : 양파와 감자는 깨끗이 씻어 껍질을 벗긴 뒤 8등분 하여 웨지 모양으로 썬다.

2 : 돼지 등갈비는 찬물에 2시간 정도 담가 핏물을 뺀다.

3 : 냄비에 고기가 잠길 정도로 물을 넣고 끓여 ①의 돼지 등갈비와 대파, 양파 껍질, 마늘을 넣고 30분 정도 삶는다.

4 : 버터는 실온에 두고 부드러워지면 양념장 재료와 함께 섞는다.

5 : 주걱을 이용해 ④의 양념장을 등갈비에 골고루 바른다.

6 : 오븐용기에 ⑤의 돼지 등갈비와 ①의 양파, 감자를 함께 넣고 예열한 오븐에서 180도로 맞춰 20분 정도 굽는다.

SPECIAL
MENU

소고기갈비찜

입맛 돋우는
한식 일품반찬

갈비찜은 남녀노소 누구나 좋아하는 반찬으로. 압력솥에서 익히면 뼈가 쏙쏙 빠져
부드러운 갈비찜을 만들 수 있어요. 맛도 좋고 영양도 좋은 갈비찜으로 맛있는 식탁을 차려보세요.

ingredient : 4인분

갈비찜용 소고기 2kg, 당면 70g, 당근 2개, 양파 1개, 달걀 1개, 밤
10알, 대추 8알, 마늘 8알, 대파 2대, 통깨 약간

양념장 간장 1/2컵, 올리고당 1/2컵, 다진 마늘 1/2큰술

Tip

채소가 푹 익는 게 싫다면 고기만 압력솥에 익힌 뒤에 양
념장 넣을 때 채소를 넣어주세요. 매운 갈비찜을 원한다
면 청량고추와 고춧가루, 고추장 등을 추가로 넣으세요.

1 : 갈비찜용 소고기는 2시간 정도 찬물에 담가 핏물을 뺀다.

2 : 양파는 도톰하게 썰고, 당근은 밤과 비슷한 크기로 썰어 동그랗게 굴린다. 대파를 5cm 길이로 썬다.

3 : 압력솥에 소고기, 양파, 당근, 밤, 대추, 대파 1대, 마늘, 물 4컵을 넣고 삶는다. 추가울면 10분 뒤 불을 끄고 김을 뺀다.

4 : 체로 ③의 기름을 꼼꼼하게 걷어 육수를 맑게 해준다.

5 : ④에 대파 1대와 양념장 재료를 넣는다.

6 : 국물이 반 정도 남을 때까지 약한 불에서 졸인 뒤 당면을 넣고 익으면 불을 끄고 통깨를 뿌린다.

돼지고기김치찜

냉장고에 있는 시거나 묵은 김치를 가지고 만들 수 있는 요리예요. 김치를 푹 익히면
섬유질이 다 풀어져 입안에 넣었을 때 사르륵 녹아 더욱 맛있게 먹을 수 있어요.

보쌈용 돼지고기 1kg, 김치 1/2포기, 대파 1대, 양파 1/2개, 마늘 4쪽, 다시마물 2컵, 김치 국물 1컵, 참기름 1큰술, 설탕 1큰술

Tip

보쌈용 고기는 도톰하기 때문에 중간에 칼집을 내면 더 빨리 익고 김치 맛이 잘 배어들어요.

1 : 김치는 포기째 준비하고 보쌈용 돼지고기는 중간마다 칼집을 낸다. 양파는 4등분 하고 대파의 녹색 부분은 어슷 썬다.

2 : 냄비에 보쌈용 돼지고기와 마늘, 대파의 남은 흰부분을 5cm 폭으로 썰어 다시마물과 함께 넣고 30분 정도 푹 삶는다.

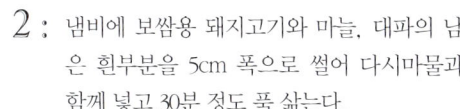

3 : 보쌈용 돼지고기가 반 이상 익으면 꺼내 한 입 크기로 썬다.

4 : 냄비에 ③의 보쌈용 돼지고기와 김치, 양파, 어슷 썬 대파, 참기름, 김치국물, 설탕을 넣고 김치가 흐물거릴 때까지 약한 불에서 푹 익힌다.

낙지콩나물찜

가을철 대표적인 식품인 낙지는 저칼로리 스테미너 식품으로 콜레스테롤을 조절하고
빈혈 예방에 효과적이에요. 얼큰하게 찜을 쪄서 소면을 삶아 비벼먹어도 좋아요.

ingredient : 4인분

낙지 2마리, 콩나물 300g, 미나리 50g, 양파 1/2개, 청·홍고추 1
개씩, 다시마물 3컵, 전분물 2큰술, 밀가루 적당량, 통깨 약간

양념장 고춧가루 2큰술, 설탕 1큰술, 다진 마늘 1큰술, 다진 생강
1작은술, 간장 1작은술, 후춧가루 약간

Tip

낙지를 익힐 때 물이 나오니 양념장은 물기 없이 조금 뻑
뻑한 느낌으로 만들어주세요. 낙지는 오래 익히면 질겨져
요. 낙지 색이 불투명해지면 불을 끄고 잔열로 익혀주세요.

1 : 콩나물은 깨끗이 씻고, 양파는 도톰하게 채
를 썬다. 미나리는 5cm 폭으로 썰고, 청·홍
고추는 어슷 썬다.

2 : 낙지는 밀가루로 문질러 깨끗이 씻는다.

3 : 냄비에 다시마물과 콩나물, 양파를 넣고 끓이
다가 콩나물이 반 정도 익으면 양념장 재료와
낙지, 미나리, 청·홍고추를 넣고 끓인다.

4 : 낙지 색이 불투명해지면 전분물을 넣고 골
고루 섞은 뒤 불을 끄고 통깨를 뿌린다.

SPECIAL MENU

입맛 돋우는 한식 일품반찬

모시조개홍합찜

모시조개홍합찜을 만드는 방법은 간단하지만 완성하고 나면 그럴싸해 손님 초대 요리로 손색이 없어요. 남은 국물에 삶은 파스타면을 넣으면 봉골레가 돼요.

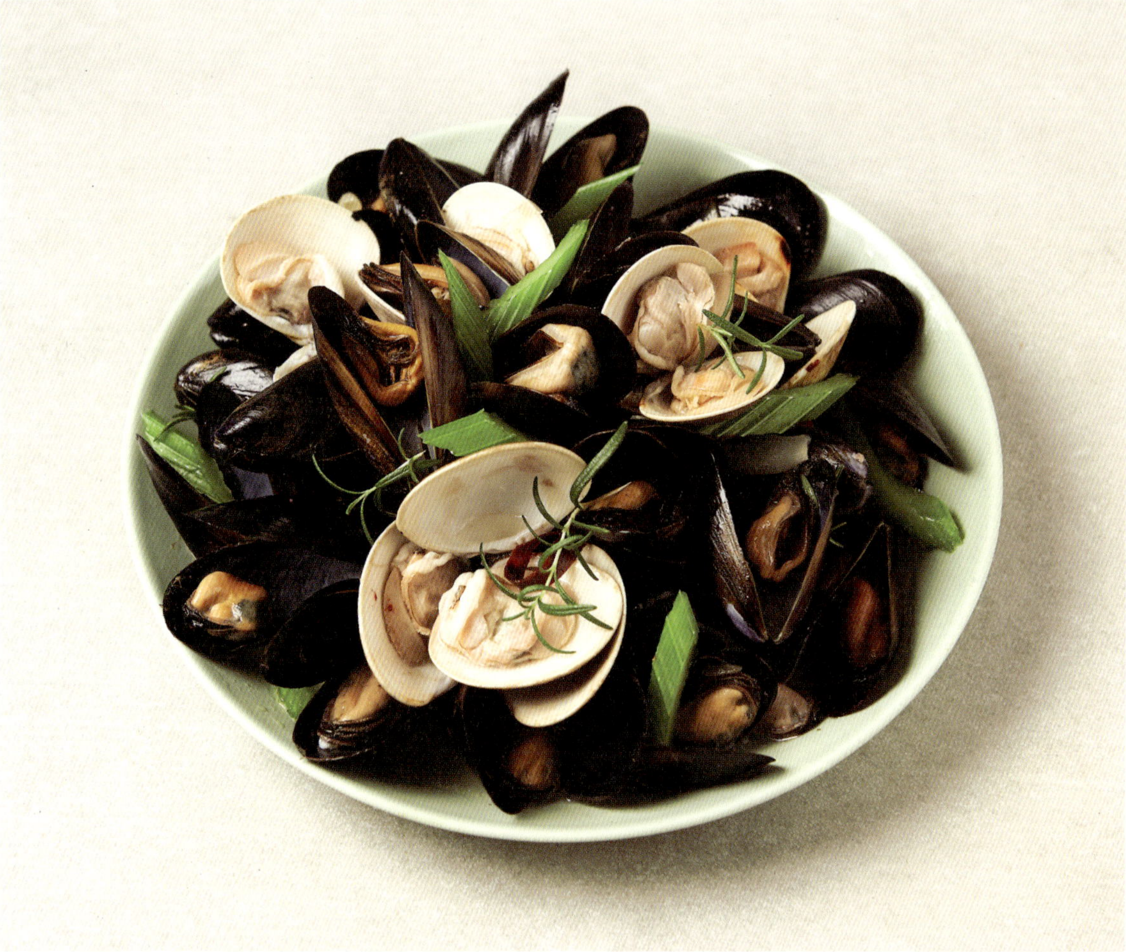

ingredient : 4인분

모시조개 1kg, 홍합 1kg, 타임 2줄기, 셀러리 1대, 건고추 1개, 양파 1/2개, 마늘 10알, 화이트 와인 1컵, 올리브유 1/2컵, 굵은 후춧가루

Tip

모시조개를 해감할 때는 물에 담가 검정 비닐을 씌워 6시간 정도 기다리면 모래와 뻘을 제거할 수 있어요.

1 : 모시조개는 물에 담가 모래와 뻘이 나오게
충분히 해감한다.

2 : 홍합은 서로 비벼 껍데기에 붙은 이물질을
제거하고, 홍합 수염도 잘라내 깨끗하게 손
질한다.

3 : 양파는 도톰하게 채를 썰고, 마늘은 편을 썬
다. 셀러리는 어슷하게 썰고 건고추는 가위
로 어슷하게 자른다.

4 : 달군 냄비에 올리브유를 두른 뒤 마늘과 양
파, 건고추를 넣고 볶는다.

5 : 건고추 향이 나면 셀러리를 넣고 가볍게 볶
는다.

6 : ⑤에 모시조개, 홍합을 넣은 팬에 화이트 와
인, 타임을 넣고 굵은 후춧가루를 뿌린 뒤 뚜
껑을 닫아 조개가 입을 벌릴 때까지 익힌다.

가리비시금치찜

모양도 색도 예쁜 해산물 요리로, 시금치 대신 바질페스토, 쑥갓페스토를 넣어 만들 수 있어요.
가리비를 구하기 어렵다면 오징어나 관자에 곁들여도 좋아요.

ingredient : 4인분

가리비 20개

페스토 시금치 2포기, 파마산 치즈가루 1큰술, 올리브유 1큰술,
다진 마늘 1/4큰술, 잣 1/4큰술, 소금 약간

 Tip
가위나 칼처럼 철 성분을 넣어 해감하면 더 빨리 돼요.

1 : 가리비는 깨끗이 씻어 해감한다.

2 : 시금치는 깨끗이 씻어 밑동을 제거한 뒤 다른
페스토 재료와 함께 믹서에 넣어 곱게 간다.

3 : 찜기에 가리비를 넣어 찐 뒤 입을 벌리기 시
작하면 ②를 1큰술 넣는다.

4 : 가리비가 완전히 익도록 5분 정도 더 찐다.

귤드레싱대하찜

귤은 비타민C가 풍부해 신진대사를 활발하게 해서 체온이 내려가는 것을 막아주고
피부 미용에도 좋아요. 대하와 함께 구워 먹으면 씹을수록 입안 가득 상큼함이 번져요.

ingredient : 4인분

대하 12마리, 실파 2대, 양파 1/2개

드레싱 굴 4개, 식초 1/2큰술, 설탕 1/4큰술, 잣 1/4큰술, 연겨자
1/4작은술, 소금 약간

Tip

대하 대신에 칵테일 새우를 활용한다면 살짝만 삶고 흰
껍질을 최대한 없애야 부드럽고 쓴맛이 적어요.

1 : 대하는 깨끗이 씻어 손질한 뒤 살만 벗겨내
고, 실파는 송송 썬다.

2 : 양파는 굵게 채를 썬 뒤 그릇에 깔고 그 위
에 대하를 올려 10분간 찐다.

3 : 드레싱 재료를 믹서에 넣고 곱게 간다.

4 : ②의 대하 위에 ③의 소스를 올린 뒤 송송
썬 실파를 뿌린다.

매콤한 사천식 요리에 많이 쓰이는 두반장은 마파두부에 곁들이는 소스로 잘 알려져 있어요.
짭짤하면서 매콤한 맛이 나는 두반장 소스에 볶은 소고기를 밥과 섞어 덮밥으로 활용해도 좋아요.

ingredient : 4인분

소고기 불고깃감 400g, 청·홍피망 1개씩, 양파 1/2개, 두반장 4큰술, 고추기름 4큰술, 전분물 1큰술, 다진 파 1큰술, 다진 마늘 1작은술, 다진 생강 1/4작은술, 후춧가루 약간

소고기 대신 돼지고기 불고깃감을 사용해도 좋아요. 고추기름이 없을 때에는 고춧가루와 기름을 넣고 같이 볶아주세요.

1 : 소고기 불고깃감은 한입 크기로 썰고, 청·홍피망, 양파는 1×1cm 굵기로 썬다.

2 : 달군 팬에 고추기름을 두른 뒤 다진 파, 다진 마늘, 다진 생강을 넣고 볶아 향을 낸다.

3 : 향이 나면 ①의 소고기 불고깃감과 양파를 넣고 볶다가 후춧가루를 뿌린다.

4 : 고기가 익으면 청·홍피망과 두반장을 넣고 가볍게 볶다가, 물 4컵과 전분물을 넣고 살짝 볶아 마무리한다.

중국식돼지고기청경채볶음

청경채는 중식에서 자주 등장하는 채소로 씹을수록 상큼한 맛이 나서 어떤 요리에도 잘 어우러
져요. 돼지고기를 볶아 곁들이면 든든한 일품요리가 완성돼요.

ingredient : 4인분

다진 돼지고기 300g, 청경채 8포기, 마늘 8개, 올리브유 4큰술, 굴소스 2큰술, 간장 2큰술, 설탕 1큰술, 다진 생강 1작은술, 후춧가루 약간

Tip

다진 돼지고기 대신 불고기용 돼지고기를 활용해도 좋아요.

1 : 청경채는 깨끗이 씻어 반으로 썰고, 마늘은 편을 썬다.

2 : 달군 팬에 올리브유를 두른 뒤 ①의 마늘과 다진 생강을 넣고 볶다가 향이 나면 다진 돼지고기를 넣고 볶는다.

3 : 돼지고기가 반 이상 익으면 청경채, 굴소스, 간장, 설탕을 넣고 볶는다.

4 : 청경채가 부드러워지면 후춧가루를 뿌린다.

북경식피망잡채

꽃빵과 함께 곁들이면 일품요리로도 충분해요. 덮밥처럼 밥 위에 얹어 먹거나
중면 위에 올려 비빔국수를 만들어 먹어도 좋아요.

ingredient : 4인분

잡채용 돼지고기 200g, 청·홍피망 2개씩, 양파 1/2개, 고추기름 4큰술, 굴소스 2큰술, 청주 1큰술, 다진 마늘 1큰술, 다진 파 1큰술, 다진 생강 1작은술, 고춧가루 1작은술, 후춧가루 약간

Tip

피망은 금방 익으니 마지막에 넣고 색이 살짝 살아날 때까지만 익혀주세요.

1 : 청·홍피망과 양파는 얇게 채를 썬다.

2 : 잡채용 돼지고기는 다진 생강과 청주로 밑간을 한다.

3 : 달군 팬에 고추기름을 두르고 다진 마늘과 다진 파를 넣고 볶다 향이 나면 ②의 돼지고기와 ①의 양파를 넣고 볶는다.

4 : 돼지고기가 다 익어갈 때 청·홍피망과 굴소스, 고춧가루를 넣고 볶은 뒤 후춧가루를 뿌린다.

일본식데리야끼닭구이

조금 색다른 닭요리를 먹고 싶다면 일본 요리에 자주 등장하는 데리야끼 소스를 곁들여보세요.
달달하고 감칠맛 나는 데리야끼 소스가 자칫 느끼할 수 있는 닭의 맛을 잡아줘요.

ingredient : 4인분

닭다리살 4개, 파 1대, 전분가루 1큰술, 콩기름 적당량, 소금 약간,
후춧가루 약간

양념장 물 1/2컵, 청주 1/4컵, 간장 4큰술, 설탕 4큰술, 다진 생강
1작은술

Tip

파 대신 양파, 파프리카, 피망 등을 사용해도 좋아요. 매
운맛을 좋아한다면 양념장에 청양고추를 넣고 함께 끓
이세요.

1 : 닭다리살은 껍질을 벗기고 한입 크기로 자
른 뒤 소금과 후춧가루로 밑간을 하고 파는
2cm 폭으로 썬다.

2 : ①의 닭다리살에 전분가루를 묻혀 콩기름을
두른 팬에 굽는다.

3 : 양념장 재료를 냄비에 넣고 졸인다.

4 : ③에 ②의 닭다리살과 ①의 파를 넣고 가볍
게 섞는다.

프랑스식닭다리살구이

버터에 양파를 구으면 캐러멜 같은 맛이 나요. 여기에 닭다리살과 그린빈스까지 구워 내면
훌륭한 프랑스식 닭다리살구이가 완성돼요. 와인까지 곁들인다면 초대 요리로도 손색이 없어요.

ingredient : 4인분

닭다리살 4개, 양파 2개, 방울토마토 12알, 그린빈스 12대, 버터
4큰술, 카놀라유 2큰술, 소금 약간, 후춧가루 약간

Tip

양파를 구을 때 약한 불에서 오랜 시간 익히면 깊은 단맛
을 얻을 수 있어요.

1 : 닭다리살은 소금과 후춧가루로 밑간을 한
다. 양파는 도톰하게 링 모양으로 썰고, 방
울토마토는 꼭지를 제거하고, 그린빈스는
어슷 썬다.

2 : 버터를 두른 팬에 양파를 넣고 단맛이 올라
오도록 갈색빛이 될 때까지 굽는다.

3 : 달군 팬에 카놀라유를 두르고 닭다리살을 넣
어 겉면을 노릇하게 구운 뒤 뚜껑을 덮고 속
까지 익힌다.

4 : 닭다리살이 익으면 방울토마토와 그린빈스
를 넣고 한 번 더 볶은 뒤 소금과 후춧가루
를 뿌린다.

표고버섯치즈함박스테이크

집에서 맛보는
세계 일품요리

소고기의 진한 육즙과 쫄깃한 표고버섯의 식감을 동시에 즐길 수 있어요.
파스타 면을 삶아서 치즈 소스에 곁들이면 맛있는 치즈 파스타가 완성돼요.

ingredient : 4인분

다진 소고기 200g, 표고버섯 8개, 달걀 1개, 양파 1/2개, 빵가루 1컵, 올리브유 적당량, 소금 약간, 후춧가루 약간, 파슬리 가루 약간

치즈 소스 모짜렐라 치즈 1컵, 우유 1컵, 생크림 1컵, 파스타용 토마토소스 1컵

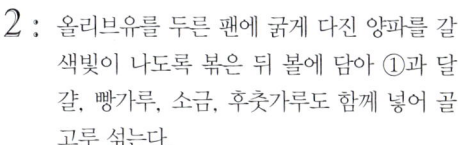

Tip

표고버섯 향이 부담스럽다면 양송이버섯을 활용해도 좋아요.

1 : 표고버섯은 믹서에 넣어 곱게 다진 뒤 다진 소고기와 함께 골고루 섞는다.

2 : 올리브유를 두른 팬에 굵게 다진 양파를 갈색빛이 나도록 볶은 뒤 볼에 담아 ①과 달걀, 빵가루, 소금, 후춧가루도 함께 넣어 골고루 섞는다.

3 : ②를 4등분 하여 동글납작하게 빚은 뒤 올리브유를 두른 팬에 올려 속까지 골고루 익힌다.

4 : 치즈 소스 재료를 모두 냄비에 넣고 한소끔 끓인 뒤 ③을 넣고 파슬리 가루를 뿌린다.

새우젓찹스테이크

한입 크기로 자른 소고기를 새우젓과 함께 볶으면, 짭짤한 새우젓이 소고기의 육즙에 배어들어
맛이 더 풍성해져요. 그리고 새우젓이 소화를 도와주어 위에 부담없이 건강하게 즐길 수 있어요.

ingredient : 4인분

스테이크용 소고기 300g, 방울토마토 10알, 아스파라거스 4대, 양파 1/4개, 올리브유 1큰술, 다진 마늘 1작은술, 새우젓 1작은술, 굵은 후춧가루 약간

 Tip

소고기는 너무 익히면 육즙이 줄어들어 맛이 없어요. 미디움 정도로 익혀주세요. 아스파라거스가 구하기 힘들 때에는 고추나 파, 피망을 넣어도 좋아요.

1 : 스테이크용 소고기는 한입 크기로 썰어 다진 마늘과 함께 버무린다.

2 : 아스파라거스는 어슷 썰고 방울토마토는 반으로 썬다. 양파는 채를 썬다.

3 : 달군 팬에 올리브유를 두른 뒤 양파를 넣고 볶다가 겉면이 노릇해지면 아스파라거스와 소고기를 넣고 볶는다.

4 : 아스파라거스가 익기 시작하면 방울토마토와 새우젓을 넣고 가볍게 볶은 뒤 굵은 후춧가루를 뿌린다.

SPECIAL MENU

시어링스테이크

집에서 맛보는 세계 일품요리

센불에서 타기 직전까지 구워 낸 스테이크는 겉면은 바삭하고 속은 촉촉해 씹을 때마다 침샘을 자극해요. 여기에 아삭한 양파와 상큼한 토마토까지 곁들여주면 더욱 맛있어요.

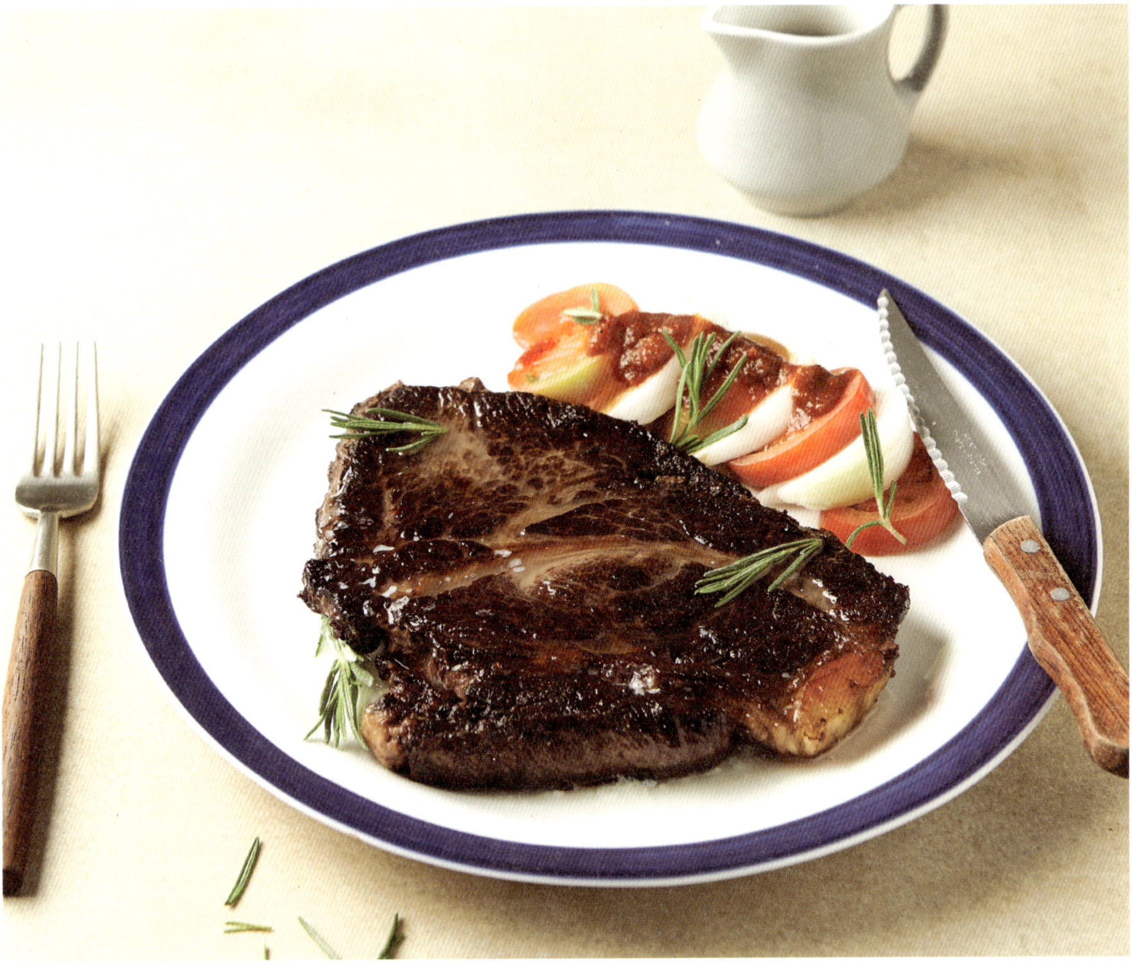

ingredient : 4인분

스테이크용 소고기 800g, 로즈마리 4줄기, 토마토 2개, 양파 1개, 올리브유 4큰술, 버터 4큰술

스테이크 소스 파스타용 토마토 소스 2큰술, 식초 2큰술, 우스터소스 2큰술, 간장 1큰술, 설탕 1큰술, 소금 약간, 후춧가루 약간

Tip

스테이크에 녹인 버터를 뿌려 먹으면 더욱 고소하고 촉촉하게 즐길 수 있어요.

1 : 양파는 반으로 갈라 1cm 폭으로 썰고 토마
토도 같은 크기로 썬다.

2 : 팬에 올리브유를 두른 뒤 로즈마리를 넣어 향
을 낸다.

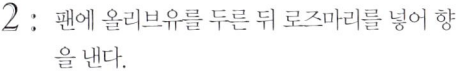

3 : 향이 나면 스테이크용 소고기를 넣고 센불
에서 겉면이 타기 직전까지 익힌 뒤 뒤집어
다시 익힌다.

4 : 냄비에 스테이크 소스 재료를 모두 넣고 한
소끔 끓인다.

5 : 버터는 중탕으로 녹인다.

6 : ③의 소고기와 로즈마리 위에 녹인 버터를
부은 뒤 토마토와 양파, ④의 소스를 함께
곁들인다.

레몬새우만두

레몬의 상큼한 향이 만두소에 은근하게 배어들어 새우의 풍미를 살려줘요.
중국의 대표 채소인 청경채와 함께 말아 먹으면 담백한 맛까지 즐길 수 있어요.

ingredient : 4인분

새우 30마리, 부추 20g, 레몬 4개, 청경채 4개, 양파 1/4개, 만두피 12장

양념장 간장 4큰술, 다진 생강 1작은술

Tip

만두를 빚을 때 만두피 테두리에 물을 조금씩 발라 마무리를 해주세요. 너무 물을 많이 묻히면 만두피가 찢어질 수 있어요.

1 : 청경채는 4등분 한다.

2 : 레몬은 노란 껍질 부분만 강판에 갈고, 새우와 양파는 곱게 다지고, 부추는 송송 썬 뒤 모두 섞어 만두소을 만든다.

3 : 만두피에 ②의 만두소를 올려 만두를 빚은 뒤 청경채와 함께 찜통에 찐다.

4 : ②에서 껍질을 갈고 남은 레몬은 즙을 내어 양념장 재료와 골고루 섞어 만두와 함께 곁들인다.

바질페스토새우구이

향긋한 바질잎을 갈아 연둣빛이 나는 바질페스토는 요리하면 보기에도 좋고
이국적인 맛을 더해주어 손님이 왔을 때 간단하게 만들어 특별하게 대접할수 있어요.

ingredient : 4인분

양파 1/2개, 새우 20마리, 올리브유

바질페스토 바질잎 30g, 파마산 치즈가루 2큰술, 잣 2큰술, 올리
브유 2큰술, 다진 마늘 1/2작은술, 소금 약간

Tip
바질페스토는 듬뿍 만들어서 냉동실에 보관해두고 필요할
때마다 꺼내 써도 좋아요.

1 : 바질페스토 재료를 믹서에 넣고 곱게 간다.

2 : 머리를 제거하고 몸통의 껍질을 깐 새우에
①의 바질페스토를 넣고 골고루 버무려 30
분 정도 재운다. 양파는 얇게 채를 썬다.

3 : 달군 팬에 올리브유를 약간 두른 뒤 양파를
넣고 볶는다.

4 : 양파가 반 정도 익으면 ②의 새우를 넣고 뚜
껑을 닫아 새우 껍질이 붉은빛으로 올라올
때까지 10분 정도 굽는다.

양파올리브문어찜

양파의 아삭한 식감과 올리브의 부드러운 맛 그리고 문어의 쫄깃한 식감이 어우러진 찜 요리예요.
빵 위에 올리거나 샐러드로 활용하는 등 다양한 서양요리에 곁들이기 좋아요.

ingredient : 4인분

문어 1/2마리, 양파 1/2개, 적양파 1/2개, 올리브 20알, 바질잎 4장
드레싱 올리브오일 4큰술, 레몬즙 2큰술, 설탕 1/4작은술, 소금
　　　약간, 굵은 후춧가루 약간

Tip

채를 썬 양파를 문어와 함께 삶으면 문어의 잡내를 잡아
줘요. 향을 내고 남은 양파는 문어의 비린 맛이 남을 수
있으니 버려주세요.

1 : 양파는 채를 썰어 문어와 함께 찜기에 넣고
　　 10분 정도 부드럽게 찐다.

2 : 문어와 올리브는 물기를 뺀 뒤 문어는 한입
　　 크기로 썰고, 적양파는 올리브 크기로 썬다.
　　 바질잎은 얇게 채를 썬다.

3 : 드레싱 재료를 골고루 섞는다.

4 : ①, ②, ③을 골고루 섞어 30분 정도 재운다.

가지그린커리

양파를 오래 볶아 단맛을 내고 그 안에 가지를 함께 볶아 부드러운 맛을 낸 커리예요.
돼지고기 대신 닭가슴살을 넣어 칼로리를 줄였어요. 부담 없이 밥에 비벼 먹기에 좋아요.

ingredient : 4인분

가지 4개, 닭가슴살 2개, 양파 1개, 코코넛 밀크 600g, 바질잎 8장, 그린커리 페이스트 4큰술, 올리브유 4큰술, 다진 마늘 1큰술

 Tip

바질이 없으면 고수나 이탈리안 파슬리 등 다른 향신료를 넣어도 좋아요.

1 : 가지는 반으로 잘라 어슷하게 썰고, 닭가슴살은 한입 크기로 썬다. 양파는 도톰하게 채를 썬다.

2 : 달군 팬에 올리브유를 두른 뒤 다진 마늘과 양파를 넣고 충분히 볶는다.

3 : ②에 가지와 닭가슴살을 넣고 볶다가 겉면이 익으면 그린커리 페이스트를 넣고 5분 정도 중불에서 타지 않게 볶는다.

4 : ③에 코코넛 밀크를 넣고 약한 불에서 10분 정도 끓인 뒤 바질잎을 올린다.

후에보스란쵸스

쫄깃한 또띠아에 달걀과 각종 채소를 곁들여 먹는 멕시코 음식으로 한 끼 식사로 충분한
요리예요. 적양파피클과 함께 먹으면 소화도 잘되고 느끼하지 않아 더욱 좋아요.

ingredient : 4인분

키드니빈 1캔, 방울토마토 8개, 달걀 2개, 플레인요구르트 1개,
적양파 1/2개, 또띠아 1장, 토마토소스 1/2컵, 고수잎 약간

Tip

적양파피클 만드는 법
적양파 1/2개를 곱게 채를 썰어 식초 2큰술, 설탕 1큰술,
소금 1/8작은술을 넣고 30분 이상 절여 먹는다.

1 : 키드니빈은 체에 밭쳐 물기를 뺀다. 방울토
마토는 반으로 자르고, 적양파는 곱게 채를
썰어 적양파피클을 만든다.

2 : 팬에 또띠아를 넣고 노릇하게 구워준다.

3 : ② 위에 키드니빈, 토마토소소, 방울토마토
를 얹은 뒤 위에 달걀을 올리고 뚜껑을 덮고
굽는다.

4 : 달걀이 반숙으로 익으면 플레인 요구르트와
고수 잎, ①의 적양파피클을 곁들인다.

유린냉동만두

냉동만두를 바삭하게 튀겨 채소를 곁들이면 고급 중화요리로 변신해요.
채소를 곁들여 아이들의 영양 간식으로도 좋은 유린 냉동만두를 만들어보세요.

ingredient : 4인분

만두 12개, 청량고추 3개, 홍고추 2개, 양상추잎 8장, 무순 1줌,
콩기름 적당량

양념장 다진 대파 1/4개, 식초 6큰술, 간장 4큰술, 레몬즙 4큰술,
설탕 3큰술, 다진 마늘 1큰술, 다진 생강 1작은술

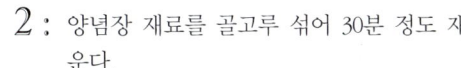

양념장을 미리 부으면 채소가 흐물거리고 튀김도 눅눅해
지니 반드시 먹기 전에 소스를 뿌려주세요.

1 : 양상추잎은 한입 크기로 썰어 손질하고 청
　　량고추와 홍고추는 송송 썬다.

2 : 양념장 재료를 골고루 섞어 30분 정도 재
　　운다.

3 : 웍에 콩기름을 넉넉히 두르고 만두를 튀긴
　　뒤 기름을 털어낸다.

4 : 키친 타월 위에 ③의 만두를 올려 기름을 뺀
　　뒤 그 위에 양상추잎, 청량고추, 홍고추, 무
　　순 그리고 ②의 양념장을 뿌린다.

SPECIAL MENU

뿌팟퐁커리

집에서 맛보는 세계 일품요리

대표적인 태국 요리로 생각보다 어렵지 않아 누구든 쉽게 만들 수 있어요.
바삭하게 튀긴 꽃게와 고소하고 부드러운 커리의 맛을 가정에서 즐겨보세요.

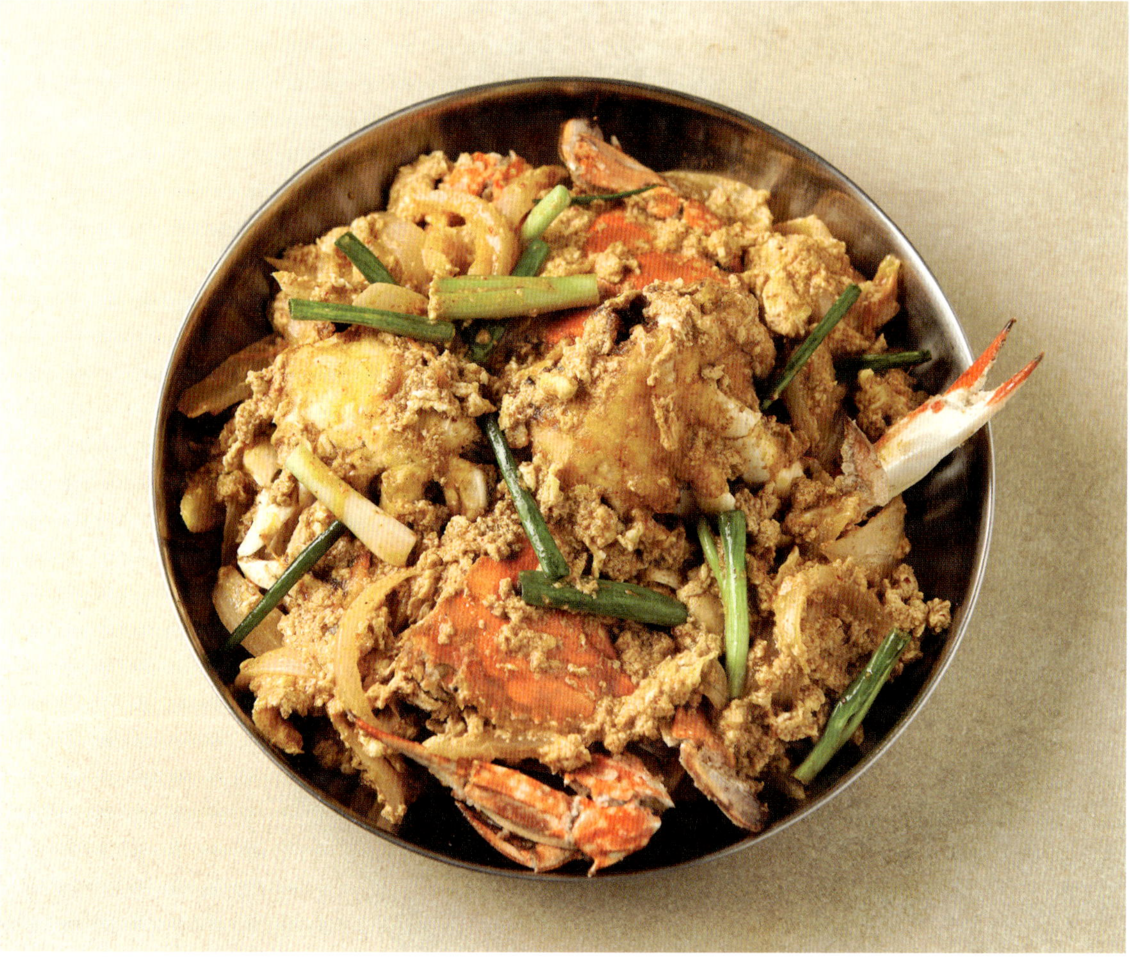

ingredient : 4인분

꽃게 4마리, 실파 8대, 달걀 2개, 양파 1개, 옐로우커리 페이스트 50g, 코코넛 밀크 3컵, 전분가루 2/3컵, 카놀라유 적당량, 튀김용 기름 적당량, 전분가루 적당량

Tip

꽃게 대신 새우를 사용해도 돼요. 코코넛밀크를 구하기 힘들다면 우유와 플레인 요구르트를 넣어도 좋아요.

1 : 꽃게는 칫솔로 문질러 깨끗이 씻은 뒤 배 부분의 껍질과 모래주머니를 제거하여 2등분하고 전분가루를 충분히 묻힌다.

2 : 양파와 실파는 깨끗이 씻어 양파는 도톰하게, 실파는 4cm 길이로 썬다.

3 : 웍에 튀김 기름을 넣고 보글보글 끓어오르면 게를 넣고 2번에 걸쳐 바삭하게 튀긴다.

4 : 달군 팬에 카놀라유를 두르고 양파를 넣고 볶다가 양파가 투명해지면 옐로우커리 페이스트를 넣고 골고루 볶는다.

5 : ④에 코코넛 밀크를 넣고 끓기 시작하면 불을 줄이고 골고루 푼 볼에 달걀을 넣어 스크램블 하듯이 저어준다.

6 : ⑤에 튀긴 꽃게와 실파를 넣고 가볍게 섞는다.

스타일 쿠킹클래스 101recipe의

[요즘 입맛
요즘 반찬]

펴낸날 초판 1쇄 2015년 8월 1일 ㅣ 초판 2쇄 2015년 10월 1일

지은이 문인영 101recipe

펴낸이 임호준
이사 홍헌표
편집장 김소중
책임 편집 김송희 ㅣ **편집 3팀** 윤혜민 김은정
디자인 왕윤경 김효숙 ㅣ **마케팅** 강진수 임한호 김혜민
경영지원 나은혜 박석호 ㅣ **e-비즈** 표형원 이용직 김준홍 류현정

사진 이은숙(eeeunstudio. e-mail : eeeunstudio@naver.com) ㅣ **사진 어시스트** 권예은
요리 어시스트 김가영, 황규정, 최보미, 이세미, 전윤정

인쇄 (주)웰컴피앤피

펴낸곳 비타북스 ㅣ **발행처** (주)헬스조선 ㅣ **출판등록** 제2-4324호 2006년 1월 12일
주소 서울특별시 중구 세종대로 21길 30 ㅣ **전화** (02) 724-7636 ㅣ **팩스** (02) 722-9339
홈페이지 www.vita-books.co.kr ㅣ **블로그** blog.naver.com/vita_books ㅣ **페이스북** www.facebook.com/vitabooks

ISBN 979-11-5846-010-5   13590

• 이 도서의 국립중앙도서관 출판예정도서목록(CIP)은 서지정보유통지원시스템 홈페이지(http://seoji.nl.go.kr)와
국가자료공동목록시스템(http://www.nl.go.kr/kolisnet)에서 이용하실 수 있습니다.(CIP제어번호: CIP2015019443)

• 비타북스는 독자 여러분의 책에 대한 아이디어와 원고 투고를 기다리고 있습니다.
책 출간을 원하시는 분은 이메일 vbook@chosun.com으로 간단한 개요와 취지, 연락처 등을 보내주세요.

비타북스는 건강한 몸과 아름다운 삶을 생각하는 (주)헬스조선의 출판 브랜드입니다.